"十二五"国家重点
出版物出版规划项目 | 《科学美国人》精选系列

不可思议的科技史
《科学美国人》
记录的400个精彩瞬间

《环球科学》杂志社　外研社科学出版工作室　编

注意！你即将翻开的是
意想不到的科学档案！

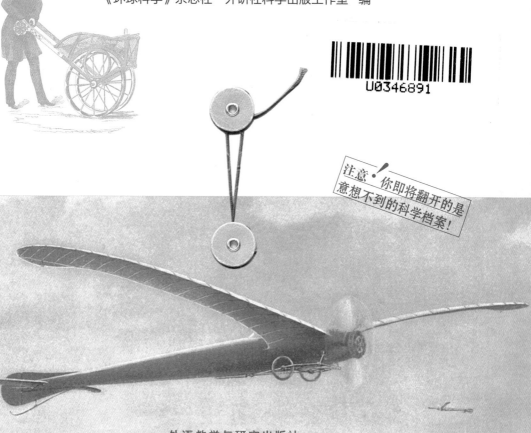

外语教学与研究出版社
FOREIGN LANGUAGE TEACHING AND RESEARCH PRESS
北京 BEIJING

图书在版编目（CIP）数据

不可思议的科技史：《科学美国人》记录的400个精彩瞬间／《环球科学》
杂志社，外研社科学出版工作室编. —— 北京：外语教学与研究出版社，2015.12
（2019.6 重印）
（《科学美国人》精选系列）
ISBN 978-7-5135-7019-0

Ⅰ. ①不… Ⅱ. ①环… ②外… Ⅲ. ①科学技术－技术史－世界－普及读物
Ⅳ. ①N091-49

中国版本图书馆 CIP 数据核字（2016）第 009677 号

出 版 人　徐建忠
责任编辑　蔡　迪
装帧设计　锋尚设计
出版发行　外语教学与研究出版社
社　　址　北京市西三环北路 19 号（100089）
网　　址　http://www.fltrp.com
印　　刷　北京华联印刷有限公司
开　　本　787×1092　1/16
印　　张　17
版　　次　2016 年 12 月第 1 版 2019 年 6 月第 3 次印刷
书　　号　ISBN 978-7-5135-7019-0
定　　价　49.80 元

购书咨询：（010）88819926　电子邮箱：club@fltrp.com
外研书店：https://waiyants.tmall.com
凡印刷、装订质量问题，请联系我社印制部
联系电话：（010）61207896　电子邮箱：zhijian@fltrp.com
凡侵权、盗版书籍线索，请联系我社法律事务部
举报电话：（010）88817519　电子邮箱：banquan@fltrp.com
物料号：270190001

《科学美国人》精选系列

丛书顾问

陈宗周

丛书主编

刘　芳　章思英

褚　波　刘晓楠

丛书编委（按姓氏笔画排序）

丁家琦　朱元刚　杜建刚　吴　兰　何　铭

罗　凯　赵凤轩　韩晶晶　蔡　迪　廖红艳

本书译者（按姓氏笔画排序）

王　丹　孙　婷　红　猪　胡秋红　徐　彬

徐　蔚　徐谷子　褚　波

序

历史导向的科普与在科普中历史的"前沿"

刘兵

科学普及（简称科普），应该普及什么内容，至今已经有了不少的讨论。传统意义上的科普，其主要目的是向大众普及具体的科学知识，尤其是前沿的科学知识。后来人们逐渐意识到，除了具体的科学知识，科普其实还可以而且应该包含更多的内容，并且应该具备人文的视野和关怀。就此而言，将科学史内容纳入到科学普及的范畴当中，是恰如其分的。

但是，在比较常见的涉及科学史内容的科普中，所利用、所传达的科学史内容大多又是比较"标准"的科学史。所谓"标准"的科学史，大约是指那种按照目前的研究和标准较有"定论"的历史。不过，这样的有所谓"定论"的历史，与当时实际的情形，经常有一定的差异。

《科学美国人》在国际范围内，是一本一流的科普期刊。从这本期刊上选取经典科普文章，对于国内的读者来说，是很有价值的科普。不仅于此，这本刊物上还有另外一些为现在的科普所缺少，但却另有价值的内容。这本书恰恰就是在这种有新意的视角下，选择了新的另有价值的内容。

具体地讲，这本刊物多年来，一直设有"经典回眸"栏目。该栏目选择不同的时间节点来报道和观察若干年前的科学和技术进展。这样的时间选择跨度会达150年之久。也正像我们所知道的那样，在不同的历史时期，人们对科学和技术进展的判断和评价是不同的。以此类推，甚至我们可以说，人们目前对当下科学和技术进展的判断和评价，在若干若干年之后的人们看来，也会显得有些"幼稚"或"可笑"。但无论是过去的认识还是现在的认识，它们虽然不是永恒不变的，却又是曾经真实地存在过。这本书，精选在过去不同历史时期人们对当时和以前的科学技术进展的看法，会让读者有一种更加贴近当时历史的生动感受。这既是一份珍贵的、富有启发性的史料，同时作为科普的内容，也会让读者通过历史的视角，对科学和技术有一种新的看法，意识到科学和技术是在不断发展变化而非一劳永逸的，意识到人类对科学和技术的研究总是有局限性的。

在目前科普出版成为热点的情况下，要将科普做出新意并非易事。也正由于以上的原因，我们可以说，这本书恰恰是科普领域中很少见的颇有新意的新类型，这是非常令人欣喜的。

希望读者通过阅读此书，能够对科学和技术有新的感受、新的理解，并将这种意识内化为一种新的方式，去看待人类是如何认识世界和认识自身的。这将是科普的一种新意义。

2015年7月1日于清华园荷清苑

前 言

科学奇迹的见证者

陈宗周

《环球科学》杂志社社长

1845年8月28日，一张名为《科学美国人》的科普小报在美国纽约诞生了。创刊之时，创办者鲁弗斯·波特（Rufus M. Porter）就曾豪迈地放言：当其他时政报和大众报被人遗忘时，我们的刊物仍将保持它的优点与价值。

他说对了，当同时或之后创办的大多数美国报刊都消失得无影无踪时，170岁的《科学美国人》依然青春常驻、风采迷人。

如今，《科学美国人》早已由最初的科普小报变成了印刷精美、内容丰富的月刊，成为全球科普杂志的标杆。到目前为止，它的作者，包括了爱因斯坦、玻尔等150余位诺贝尔奖得主——他们中的大多数是在成为《科学美国人》的作者之后，再摘取了那顶桂冠的。它的无数读者，从爱迪生到比尔·盖茨，都在《科学美国人》这里获得知识与灵感。

从创刊到今天的一个多世纪里，《科学美国人》一直是世界前沿科学的记录者，是一个个科学奇迹的见证者。1877年，爱迪生发明了留声机，当他带着那个人类历史上从未有过的机器怪物在纽约宣传时，他的第一站便选择了《科学美国人》编辑部。爱迪生径直走进编辑部，把机器放在一张办公桌上，然后留声机开始说话了："编辑先生们，你们伏案工作很辛苦，爱迪生先生托我向你们问好！"正在工作的编辑们惊讶得目瞪口呆，手中的笔停在空中，久久不能落下。这一幕，被《科学美国人》记录下来。1877年12月，《科学美国人》刊文，详细介绍了爱迪生的这一伟大发明，留声机从此载入史册。

留声机，不过是《科学美国人》见证的无数科学奇迹和科学发现中的一个例子。

可以简要看看《科学美国人》报道的历史：达尔文发表《物种起源》，《科学美国人》马上跟进，进行了深度报道；莱特兄弟在《科学美国人》编辑的激励下，揭示了他们飞行器的细节，刊物还发表评论并给莱特兄弟颁发银质奖杯，作为对他们飞行距离不断进步的奖励；当"太空时代"开启，《科学美国人》立即浓墨重彩地报道，把人类太空探索的新成果、新思维传播给大众。

今天，科学技术的发展更加迅猛，《科学美国人》的报道因此更加精彩纷呈。新能源汽车、私人航天飞行、光伏发电、干细胞医疗、DNA计算机、家用机器人、"上帝粒子"、量子通信……《科学美国人》始终把读者带领到科学最前沿，一起见证科学奇迹。

《科学美国人》也将追求科学严谨与科学通俗相结合的传统保持至今并与时俱进。于是，在今天的互联网时代，《科学美国人》及其网站当之无愧地成为报道世界前沿科学、普及科学知识的最权威科普媒体。

科学是无国界的，《科学美国人》也很快传向了全世界。今天，包括中文版在内，《科学美国人》在全球用15种语言出版国际版本。

《科学美国人》在中国的故事同样传奇。这本科普杂志与中国结缘，是杨振宁先生牵线，并得到了党和国家领导人的热心支持。1972年7月1日，在周恩来总理于人民大会堂新疆厅举行的宴请中，杨先生向周总理提出了建议：中国要加强科普工作，《科学美国人》这样的优秀科普刊物，值得引进和翻译。由于中国当时正处于"文革"时期，杨先生的建议6年后才得到落实。1978年，在"全国科学大会"召开前夕，《科学美国人》杂志中文版开始试刊。1979年，《科学美国人》中文版正式出版。《科学美国人》引入中国，还得到了时任副总理的邓小平以及时任国家科委主任的方毅（后担任副总理）的支持。一本科普刊物在中国受到如此高度的关注，体现了国家对科普工作的重视，同时，也反映出刊物本身的科学魅力。

如今，《科学美国人》在中国的传奇故事仍在续写。作为《科学美国人》在中国的版权合作方，《环球科学》杂志在新时期下，充分利用互联网时代全新的通信、翻译与编辑手段，让《科学美国人》的中文内容更贴近今天读者的需求，更广泛地接触到普通大众，迅速成为了中国影响力最大的科普期刊之一。

《科学美国人》的特色与风格十分鲜明。它刊出的文章，大多由工作在科学最前沿的科学家撰写，他们在写作过程中会与具有科学敏感性和科普传播经验的科学编辑进行反复讨论。科学家与科学编辑之间充分交流，有时还有科学作家与科学记者加入写作团队，这样的科普创作过程，保证了文章能够真实、准确地报道科学前沿，同时也让读者大众阅读时兴趣盎然，激发起他们对科学的关注与热爱。这种追求科学前沿性、严谨性与科学通俗性、普及性相结合的办刊特色，使《科学美国人》在科学家和大众中都赢得了巨大声誉。

《科学美国人》的风格也很引人注目。以英文版语言风格为例，所刊文章语言规范、严谨，但又生动、活泼，甚至不乏幽默，并且反映了当代英语的发展与变化。由于《科学美国人》反映了最新的科学知识，又反映了规范、新鲜的英语，因而它的内容常常被美国针对外国留学生的英语水平考试选作试题，近年有时也出现在中国全国性的英语考试试题中。

《环球科学》创刊后，很注意保持《科学美国人》的特色与风格，并根据中国读者的需求有所创新，同样受到了广泛欢迎，有些内容还被选入国家考试的试题。

为了让更多中国读者了解世界科学的最新进展与成就、开阔科学视野、提升科学素养与创新能力，《环球科学》杂志社和外语教学与研究出版社展开合作，编辑出版能反映科学前沿动态和最新科学思维、科学方法与科学理念的"《科学美国人》精选系列"丛书，包括"科学最前沿"（共7册）、"专栏作家文集"（共4册）、《不可思议的科技史》、《再稀奇古怪的问题也有个科学答案》、《生机无限：医学2.0》、《快乐从何而来》、《2036，气候或将灾变》和《改变世界的非凡发现》等。

丛书内容精选自近几年《环球科学》刊载的文章，按主题划分，结集出版。这些主题汇总起来，构成了今天世界科学的全貌。

丛书的特色与风格也正如《环球科学》和《科学美国人》一样，中国读者不仅能从中了解科学前沿和最新的科学理念，还能受到科学大师的思想启迪与精神感染，并了解世界最顶尖的科学记者与撰稿人如何报道科学进展与事件。

在我们努力建设创新型国家的今天，编辑出版"《科学美国人》精选系列"丛书，无疑具有很重要的意义。展望未来，我们希望，在《环球科学》以及这些丛书的读者中，能出现像爱因斯坦那样的科学家、爱迪生那样的发明家、比尔·盖茨那样的科技企业家。我们相信，我们的读者会创造出无数的科学奇迹。

未来中国，一切皆有可能。

陈宗周

出版说明

　　《科学美国人》是全球极具影响力的科普杂志。从1845年创刊以来，它一直坚持用通俗晓畅的文字，报道一个又一个重大科学成果，见证世界科学的每一次进步。莱特兄弟、爱迪生、居里夫人、伽莫夫、克里克等人都曾在此发表文章。至今该杂志已有150余位作者获得诺贝尔奖。

　　为了让读者在了解最新的科技进展的同时，也能回顾科学发展的轨迹，从1936年开始，《科学美国人》设立了"经典回眸"栏目（当时的英文名为 *50 Years Ago in Scientific American*），精选50年前的报道，让读者了解当时的科学发展状况。随着时间的流逝，《科学美国人》的历史也越来越厚重。为了更加全面、更加完整地呈现科学发展的轨迹，从1946年开始，"经典回眸"栏目选择50年前和100年前这两个时间节点，利用《科学美国人》上更大时间跨度的历史报道，展现科学的发展。基于同样的原因，"经典回眸"栏目在1995年做了第三次内容调整，每一期摘选50年前、100年前和150年前的文章呈献给读者。迄今，这个栏目已经存在80年。

　　从历史悠久的《科学美国人》中选取文章形成"经典回眸"栏目，经过了《科学美国人》编辑的深思熟虑。重要的科学研究和成果的报道，诺贝尔奖得主、某个领域的开创者或引领者的重要观点表述，与重大社会变革相关的科学事件的记述，都会纳入到文章选择的范围。但是，科学的发展并非一帆风顺，重要的科学进展和成果往往是在多方研究并经过争论、排除了错误的观点后，才逐渐取得的。因此，只要对某一领域的重大变革产生了推动作用，哪怕它只是一个启示，甚至是在现在看来已被摒弃的想法，也会被选入"经典回眸"栏目。

　　科学的发展从来都是社会的变革动力，因此"经典回眸"栏目的选篇并没有局限在科学的范畴。最近几十年，科学体系已经逐步完善，科学研究更加专业化，各学科的划分也日渐清晰起来，这在50年前的文章中已有所体现。而在二战以前，对科学技术的介绍和科技对社会影响的评论占据了主导，科技创新集中体现在新的发明上，比如爱迪生的电灯、莱特兄弟的飞机等，时间越久远这种倾向越是明显。尤其是在150年前，那时科技革命进行得如火如荼，新的技术发明层出不穷，它们不仅改变了生产方式，也改变了人们的生活。因此，《科学美国人》在创刊后的几十年中，更多地刊载了技术革新报道、专利介绍，甚至是奇闻趣谈。选取这些文章，不仅能让读者身临其境地感受到随着科技进步人们生活的变化，也能让读者从侧面了解到科学报道专业化和标准化的进程。

为了让读者对选文的历史背景和相关信息有更加全面的了解，《科学美国人》的编辑在将文章摘选至"经典回眸"栏目时增加了一些注释，这些注释在书中以"编者注"的形式呈现。在中文杂志翻译及图书编辑中，为了帮助中国读者理解文章，译者、《环球科学》(《科学美国人》中文版)的编辑和图书编辑又适当增加了一部分注释，这些注释在书中以"译者注"和"环球科学小词典"的形式呈现。部分文章在杂志刊载时，考虑到有些作者在某些领域做出了特殊贡献，其中一些作者获得了诺贝尔奖，《科学美国人》的编辑认为作者信息对该文章有特殊意义，因此在文后特别注明了作者，并为有些作者添加了注释。考虑到作者信息对文章的意义，在编辑图书时这些信息得到了保留。人名等专有名词，在图书编辑时则根据文章刊载时的说法酌情统一。书中近百幅来自《科学美国人》的珍贵历史图片，其原始刊载年代在图注中予以标明。书中所有文章均摘自《科学美国人》，按照150年前、100年前和50年前的时间顺序分为三大章节。每个章节中的文章按照内容分为若干部分，每个部分分设若干小标题。图书附有文章标题索引以便读者快速查找。

《不可思议的科技史》摘取《科学美国人》记录的400余个精彩瞬间，希望通过展现150年前、100年前和50年前的科技以及当时人们的生活原貌，还原科学的本初，激发创新的灵感，带领读者感受科技发展的无穷魅力。

目 录
CONTENTS

第三部分
影响空前的科技推动力
（50年前：1956~1963年）

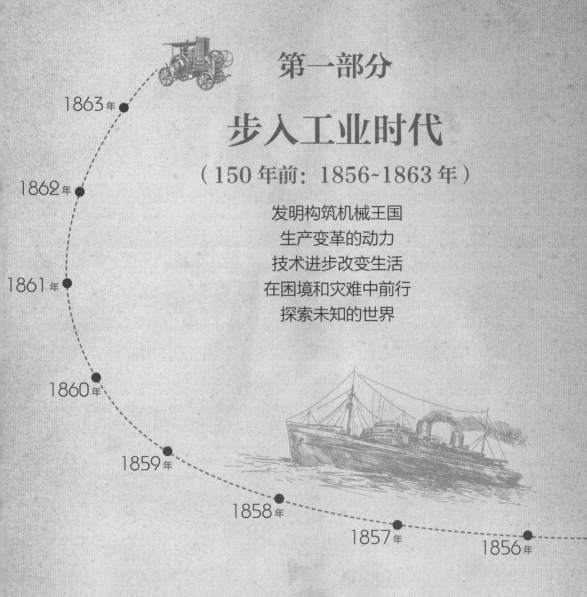

第一部分

步入工业时代

（150 年前：1856~1863 年）

1863 年

1862 年

1861 年

1860 年

1859 年

1858 年

1857 年

1856 年

发明构筑机械王国
生产变革的动力
技术进步改变生活
在困境和灾难中前行
探索未知的世界

　　19世纪中叶，第一次工业革命即将完成。在这个时期，新的生产工具层出不穷，技术的进步使生产方式逐渐实现了机械化，生产力得到显著提升，人们的生活方式也发生了改变。变革中的困难难以避免，但是这些阻挡不了时代发展的脚步。工业化的画卷已经展开。

发明构筑机械王国

1856年
6月 JUNE

第一次水下摄影

在《工艺协会会刊》（*Journal of the Society of Arts*）杂志上，来自英国韦茅斯的威廉·汤普森（William Thompson）介绍了他的海底拍摄方法。汤普森的拍摄地点位于韦茅斯湾3英寻（约5.5米）深的海底。在沉入海底时，照相机被放置在一个前部由玻璃板制成，带有活动快门的盒子里。到达海底后，快门就会被打开，感光板大约会曝光10分钟。然后，盒子被拉回到船上，人们就可以依照常规程序处理影像了。那些躺在海湾深处的岩石和海藻由此得以展现在人们面前。汤普森预测，这一技术将为研究水下桥墩、桥梁、堆料、建筑和岩石的状况提供一条便捷、经济的途径。

1856年
⏱11月 NOVEMBER
● 蒸汽消防车

　　下面这张版画所展现的是一辆名叫"海神号"（Neptune）的旋转型蒸汽消防车。它由纽约州塞尼卡·福尔斯（Seneca Falls）的"艾兰工厂"（Island Works）制造。在消防车的蒸汽发动机和压力泵上，都采用了椭圆形的旋转活塞。1855年9月10日至11日，在塞尼卡福尔斯举行的消防比赛中，这台消防车喷射出了两根直径为1.5英寸（约3.8厘米）的水柱，水平喷射距离达170英尺（约52米）。

蒸汽驱动的"海神号"消防车（1856年）

1857 年 ● 铺设电缆
⏱ 3 月 MARCH

　　海军部长已经下达命令，派遣美国汽船"尼亚加拉号"（Niagara）和"密西西比号"（Mississippi）今年夏季驶往英国，协助铺设纽芬兰和爱尔兰之间的海底电报电缆。"尼亚加拉号"是世界上最大的战舰，而"密西西比号"则是美国海军中马力最大的明轮汽船。至于英国政府将派遣什么样的船只来完成这项任务，我们尚未知晓。"尼亚加拉号"将在伦敦或利物浦接到一半电缆，另外一半电缆将放置在英国海军舰船上。很多日报都对这一事件给予了恰当的评价："两大强国的战舰并非出于作战目的，而是为了完成连接两个半球的和平使命而在海上会合，这标志着人类文明的进步。"

1857 年 ● 电动机
⏱ 6 月 JUNE

　　我们承认，韦尔涅教授（Prof. Vergnes）的电磁发动机搭配了蒸汽锅炉后，的确杜绝了发动机电池爆炸的危险，但这款电动机不够简单也不够小巧，比蒸汽机加上其所有附件还要复杂。与许多功率超过20马力（约14.7千瓦）的蒸汽机相比，韦尔涅在水晶宫展示的大型电磁发动机携带了128节电池，机身和电池占据了很大的空间，而它所输出的功率据说还不到10马力（约7.4千瓦）[并且凭我们对现场操作的观察判断，它的功率甚至不到5马力（约3.7千瓦）]。

1857年 ● 消防面具
🕐 7月 JULY

如果房间的烟尘积聚到一定程度，在人体高度以上的空间，就没有足够的氧气可供呼吸。然而，通常在贴近地面的空间里，仍然有一些凉爽、新鲜的空气。利用这一条件，一种紧贴面部的供气式消防面具诞生了（见下图）。通过面具上附带的氧气管，人们就可以呼吸到新鲜空气——因为氧气管末端距离地板仅有1~2英寸（约2.54~5.08厘米）。

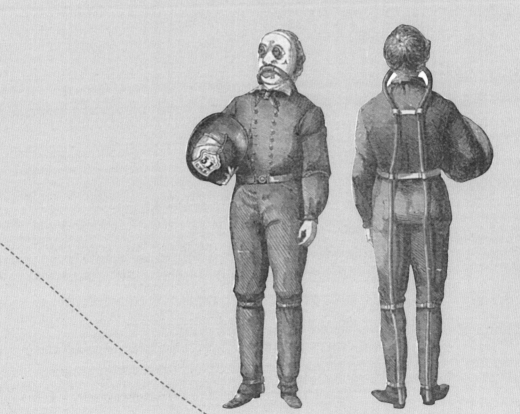

消防面具：保护消防员（1857年）

1858 年 ● 冷蒸汽
2月 FEBRUARY

亨利·佩因（Henry Paine）的发明常令世人叹服，比如他发明的电动"水煤气灯"令太阳都黯然失色。日前，美国马萨诸塞州伍斯特市的《间谍》（*Spy*）杂志介绍了他的又一项伟大发明。简单说来，这项发明就是"冷蒸汽机"，它既不依靠锅炉制造蒸汽，也不必使水沸腾，而且装水的容器也不会变热。它将会取代具有安全隐患的巨大蒸汽炉。机器模型已在佩因的一些朋友面前展示过，他们对此表示赞赏。《间谍》杂志如此评价它："这一装置太不可思议，只有亲眼见到才能让人相信。"

1858 年 ● 苯胺染料
6月 JUNE

4年前，英国著名化学家弗雷德里克·格雷斯·卡尔弗特（Frederick Grace Calvert）曾预言："不久后，科学家将会从煤炭中提取极具价值的染料。"几个星期前，卡尔弗特向伦敦工艺协会展示了一种能与苔色素（一种植物染料）相媲美的蓝紫色染料。这种染料的最大优势在于，它遇光不会分解。现在，两位颇有前途的发明家威廉·亨利·珀金（William Henry Perkin）和阿瑟·赫伯特·丘奇（Arthur Herbert Church）已从煤焦油的碱中提取出这种染料。由于这种染料的类别很多，他们将其分为两类：亚硝基苯胺（nitroso-phenyline）和亚硝基萘胺（nitroso-naphthyline）。这些染料已尝试在丝绸染色中使用，染色速度很快。

1858 年 ⏱7月 JULY ● 电报的发明者

众所周知，英国人声称电磁式电报（magnetic telegraph）是由英国人惠斯通教授（Prof. Wheatstone）发明的。而跨越大西洋电报公司的成立，则让更多的欧洲人开始讨论，谁才是电报的真正发明者。法国巴黎的《通报》（*Moniteur*）认为，莫尔斯（Morse）虽不是电报原理的创立者，却是第一个将该原理投入实际应用的人。

环球科学 小词典 ABC

电报的发明者：虽然早在19世纪初，就有人开始研制电报，但实用电磁电报的发明，主要归功于英国科学家库克、惠斯通和美国科学家莫尔斯。1836年，库克制成电磁电报机，并于次年申请了首个电报专利。惠斯通则是库克的合作者。莫尔斯原本是美国的一流画家，出于兴趣，他在1835年研制出电磁电报机的样机，后又根据电流通、断掉时出现电火花和没有电火花两种信号，于1838年发明了由点、划组成的"莫尔斯电码"。

1858年
8月 AUGUST
● 大西洋电报

8月16日晚，接收到英国维多利亚女王（Queen Victoria）电报的消息让整个美国疯狂。消息迅速传开，公告栏前挤满了蜂拥而至的人们。然而，起初民众十分失望，因为女王发送的信息只有一部分被送达，不过剩余的信息第二天就被收到了。这封皇家电报的开头是这样的，"致美国总统：对这一伟大国际工程的完成，女王向总统表示祝贺。"詹姆斯·布坎南总统（President James Buchanan）在他的回复中表示："希望在上天的庇护下，沟通大西洋两岸的电报会成为维系同宗同源的国家间永久和平及友谊的纽带，这台神圣的机器将在全世界传播宗教、文明、自由及法律。"

环球科学 小词典 ABC

越洋电报：为了实现更快捷的国际通信，英国从1857年开始铺设世界第一条横跨大西洋，连接欧洲和北美的海底电报线缆。1858年8月5日，这条线缆铺设成功，英国女王维多利亚在11天之后（即8月16日），向美国总统布坎南发出第一封越洋电报，引起了全世界的关注。然而在两个月后，由于存在严重技术问题，这条线路便无法继续使用了。

建造中的怀南斯蒸汽船：这种设计虽有新颖之处，
但无论怎样改进都不具有航海价值（1858年）。

1858年
⏱11月 NOVEMBER

● 无价值的船

我们曾在两周前提到，美国马里兰州巴尔的摩市的几位怀南斯先生（Messrs. Winans）正在建造新式蒸汽船。现在，我们根据照片来介绍这艘船的结构。推进器安装在船的中间，带有套筒防护装置，以防止漂流物以及停泊码头对船造成损坏。船体还将设有通风装置、烟囱和操舵室。但这艘船有个严重缺陷：没有帆，一旦机器出现故障，船就只能像圆木一样随波逐流。无论这艘船的构件有多么坚固，它的整体构造仍不稳定，在汹涌的波涛中，只能算一个漂浮在水中的圆桶（见上图）。

工业革命与铁制品：纽约金属栏杆公司（1859年）

1859 年 ● 工业时代
🕐 2月 FEBRUARY

在美国，一种较新的工艺已经被应用到了栏杆、围栏、家具等铁质品的初加工中。尽管在很久以前，人们就知道熟铁比其他材料更坚韧，而且刷上漆后在露天情况下不易腐蚀，但按照实际需求，将铁柱或铁条铸造成美观、结实、耐用的各种器具，却因为需要投入大量人力而难以实现。因此只有靠天才发明家的努力，才能将熟铁推向实际应用。这样就催生了一些制造厂商的出现，比如纽约金属栏杆公司（见上图）。

1859 年 ● 专利代理
🕐 4月 APRIL

位于华盛顿的美国专利局可谓创新发明的宝库和不朽见证。由于很多发明人要为他们的发明寻求专利保护，而且专利申请需要申请人认真仔细地准备材料，因此"专利代理人""专利律师"等职业应运而生。在与专利局的业务交往中，这些人就像法庭上的律师一样，扮演了非常重要

位于纽约的《科学美国人》专利代理部（1859年）

的角色。说到《科学美国人》（*Scientific American*）的专利代理部，我们可以肯定地说，从1846年至今，在审查新专利的数量上，我们超过了美国其他任何专利代理机构。图片中展示的就是位于纽约的《科学美国人》专利代理部。

1860年 ● 电灯灯塔
🕐 5月 MAY

英国皇家学会会员法拉第教授（Prof. Faraday）描述了霍姆斯教授（Prof. Holmes）将电灯用于英国南福尔兰角灯塔的情况："两台磁电机（利用永久磁铁产生磁场的小型交流发电机）安装在南福尔兰角灯塔内，每台机器都由一台2马力（约1.47千瓦）的蒸汽机驱动。除了机器磨损产生的消耗，其他的全部消耗都是用于产生光。这些物质消耗包括蒸汽机锅炉里的煤和水，以及灯塔电灯中的碳棒。"毋庸置疑，电灯比其他任何形式的光源发出的光都要亮，但它的消耗，却远高于通常方式中使用菲涅尔透镜和最好的煤油（透镜灯塔中，一般以煤油灯作光源，由灯塔负责人手动操作发条装置，转动透镜系统集中光线）产生的消耗。

1860年 ● 内燃机
🕐 9月 SEPTEMBER

在法国，一个名叫艾蒂安·勒努瓦（Étienne Lenoir）的巴黎人展示的热力发动机引起了轰动。尽管勒努瓦的小店位置不佳，但每天都被好奇的人层层包围——上至王公贵族，下至贩夫走卒。《宇宙报》（*Cosmos*）和法国其他报纸宣称，蒸汽时代已经结束，瓦特（Watt）和富尔顿（Fulton，汽船的发明者）将很快被人遗忘——这就是法国人的行事风格。勒努瓦的机器是一种爆燃式发动机，在汽缸中以电火花引爆空气与氢气的或空气与照明气的混合气的方式，来推动活塞前后运动。这款发动机在实际应用中存在如下缺陷：运行时机身会振动，并不断聚积热量。虽然气体燃料比煤贵得多，但它非常清洁且易于使用，有一天必将广泛用于小型发动机——可以驱动缝纫机之类轻型机器的实用装置。

编者注：勒努瓦的发动机被认为是第一种具有实际商业价值的内燃机。

1860 年 ● 林肯的专利
🕐 12 月 DECEMBER

最近，在专利局的日常事务处理中，一个浮船的专利模型引起了我们的注意。这项专利的发明者不是别人，正是美国新当选的总统林肯（Lincoln）。考虑到广大读者一定很期待看到这位杰出官员发明的装置，我们特意刊登了一张该模

亚伯拉罕·林肯（Abraham Lincoln）发明的沙洲浮船（1860 年）

型的玻璃干版照片（见上页图）。当然，在我们的读者中，能设计出更好的沙洲蒸汽浮船装置的机械工程师也许有好几千个，但他们中又有多少人能成功当选总统？

1862年 6月 JUNE ● 差分机

伦敦博览会上还有一件神器，那就是巴贝奇先生（Mr. Babbage）那台伟大的差分机，它将实现二次式的计算，还能进行精确到小数点后7位的对数计算。拜伦勋爵（Lord Byron）的女儿洛夫莱斯伯爵夫人（Lady Lovelace）对这部机器的描述，促使斯德哥尔摩的舒尔兹（Scheutz）改进了机器。改进后的机器很快被英国政府买去，但没有在这次展会上展出——它正在萨默塞特宫，夜以继日地为民政局计算养老金和其他表格。

1862年 10月 OCTOBER ● 起锚开船

对于每一条驶入汹涌波涛中的船只来说，升降铁锚的齿轮都是保障安全行驶的重要装置。下面的版画展示的是一种形式独特、经过改进的齿轮装置。

无论帆船还是蒸汽船，水手都需要在船只出发前拉起铁锚。图中的起锚机获得了专利保护，它可以让这一操作更加快捷（1862年）。

1862年
🕐12月 DECEMBER ● 升降梯

纽约州扬克斯的奥的斯兄弟（Otis Brothers）制造了一台设计巧妙又非常实用的升降梯，专供商店和库房使用。在升降梯平台与绳索连接处的上方，可以看到棘轮的齿，它被固定在平台的升降导轨上。这个设计相当重要，它能在升降装置或绳索发生意外时，保护货物和附近人员的安全。

编者注：到2012年，奥的斯电梯公司共有2,400万台升降梯在全球运行。

1863年
🕐3月 MARCH ● 可驾驶的热气球

从发明至今，热气球只在政府组织进行的试验中体现了实际用途，那就是在军事行动中侦查敌人的位置。内布拉斯加的托马斯·肖先生（Mr. Thomas Shaw）致力于热气球实验，现在自认为已经找到了随意控制热气球方向的办法。如下图所示，热气球末端装有一部风扇或螺旋桨，可由驾驶员操作。

飞行实验：一种（至少从理论上说）
更有用处的航空器（1863年）

1863年 ●胶片诞生前的相机
⏱6月 JUNE

　　需要手眼协调的艺术创作有了一件价值不菲的辅助工具，名叫"暗箱"。这个箱子可把需要临摹的景物用镜头反射到几面镜子上，再由镜面投影到下方的白纸或画布上（最后再由人描画出来）。画家从暗箱侧面盖有幕布的开口伸手进去作画。这部装置最近刚刚获得了专利，它做工精良，外形优美。本刊的插画展示了它的全景立体图，以及一个学生用它来临摹纽约市政厅的情景。

暗箱：该装置将景物投射到纸张或画布上，再由一位艺术家用手工描画出来（1863年）。

1863年 ●首台录音设备
🕐12月 DECEMBER

数月前，享誉巴黎学术界的爱德华-莱昂·斯科特·德马丁维尔（Édouard-Léon Scott de Martinville），公开演示了数场十分有趣的实验——留存（或者说捕捉）声音。他参考了成功运用于摄影中的技术，通过留声机结构，巧妙地将构成声音的空气波动（声波）固化下来，使人们可以看到这些复杂精细的波形。但一个棘手的问题是，机器无法把这些难以理解的语言，转换回产生它的那种在我们日常表达中使用的常规字符。

编者注：这台设备，如今名为"声波记振仪"，只能用来记录声音，却无法将声音播放出来。

生产变革的动力

1856年
1月 JANUARY

国家的浪费

　　劳动力的分配，虽然可能在一定程度上改善国家的生产，但它对生产者本身却是非常不利的。制造针的最佳生产模式恐怕是将针的生产过程拆分为20个环节，让每个人都把全部注意力集中在一个简单的工序上。例如，让一个人学习针头部分的加工，并让他一直做这一项工作。当然，他完成这项工作的质量和速度都将是惊人的。但对这个人会造成什么样的后果呢？他的思维能力将减弱，而且长此以往，除了制作针头以外，他的脑袋里将别无他物。他将不再是一个人，而仅仅是一部机器。

1856 年 ● 土地勘测员
🕐 5 月 MAY

　　插图中展示了一种巧妙便携、经过改良的工具，用于测量土地面积。它轻巧的轮子与手柄上的读数圆盘通过一根杆子连接起来。使用的时候，勘测员只要推着这个工具走过需要测量的土地就可以了。而使用链条测量时的枯燥乏味、走走停停、计算和调整都得以免除，这样就节省了大量时间，并能避免出现错误。

勘测装置：大大优于
老式链条（1856年）。

1856年
⏱11月 NOVEMBER ● 便宜的钢铁

亨利·贝塞麦（Henry Bessemer）改进了钢铁生产方式，由此获得了美国专利。这项专利基于贝塞麦在钢铁生产过程中的一个科学发现：把空气、蒸汽或者其他气体压入盛放生铁铁水的容器中，给铁水中的碳供应氧气，这样不需要燃料，钢铁中过量的碳就会自行燃烧掉。贝塞麦并不是第一个在生产过程中运用空气或者蒸汽的人，但他发现了氧化气体穿过铁水过程中消耗掉过量的碳的原因，因此获得了专利。

1857年
⏱2月 FEBRUARY ● 伊利诺伊州的农业

下图中描绘的是位于伊利诺伊州莫林的赫德农场上的播种场面。在辽阔的大草场上，播种机正在工作。在播种机前面是一排牲口，看上去颇有气势。当它们拉着机器快速前进时，一粒粒种子就会播撒在肥沃的土地上。

正在草场上播种的
农民（1857年）

1857年 ● 污秽的燃料
⏰ 5月 MAY

我们认为，除了可以当作涂抹在皮肤上治疗淤伤和风湿病的药膏外，来自美国加利福尼亚州"黑油泉"的液体石油没有任何特殊用途。尽管通过燃烧它产生光的效果相当好，但没有人受得了它那种刺鼻的气味。不过，我们也相信，在这个化学技术发达的时代，没有什么事情是不可能的。如果能够通过酸蒸馏法去掉难闻的气味，那么通过石油进行液体燃料生产就会成为一项具有经济价值而且利润丰厚的业务。

1857年 ● 收割机
⏰ 8月 AUGUST

这是美国伊利诺伊州芝加哥的塞缪尔·古梅尔（Samuel Gumaer）发明的收割机的透视图。当马拖着机器向前移动时，连接棒就会带动刀具连续地来回切割，使麦秆沿着刀锋边缘断落。收割机的速度可以自由调节。古梅尔先生估计，这种即将投入市场的收割机零售价格为65美元，这样的价格农民可以承受。

农业机械化的早期
尝试（1857年）

1858年 ● 剪羊毛
🕐 1月 JANUARY

纺织业中，最为古老的原料应该算是羊毛和其他动物的毛发了，但用于收集这类原料的工具一直很原始，只是由两片刀刃和一个回弹装置组成的剪刀。在过去几千年里，它都是剪羊毛的唯一工具。直到近期，一些手工业主才引进了一种新型动力剪刀，工人们终于可以将自己的全部精力用于控制绵羊和掌握剪刀方向了。下图中，一把机械剪刀悬吊在房梁上，工人正在用它剪羊毛。

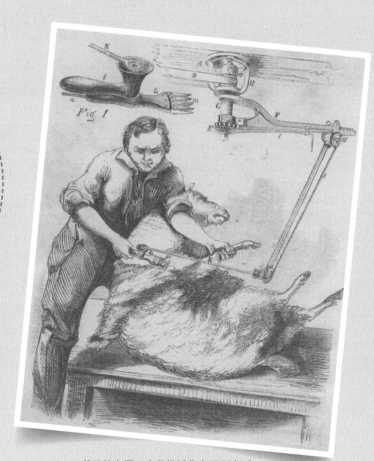

剪刀的力量：农业机械化（1858年）

1858 年 ● 蒸汽犁
⏱ 10 月 OCTOBER

　　为了满足耕地所需，很多农民逐渐开始关注"铁马"。最近，福勒先生（Mr. Fowler）因发明了高效蒸汽犁而获得英国皇家农学会颁发的2,500美元奖金。这种蒸汽犁安装了一个固定发动机，利用弯曲的缆绳拖曳犁头。英国知名农场主约翰·约瑟夫·梅奇先生（Mr. John Joseph Mechi）使用了这种犁后，取得了非常好的耕地效果——每英亩（1英亩约4,046.8平方米）小麦的产量提高了8蒲式耳（约210公斤）。与马匹耕作相比，费用节省了1/4。我们确信，在燃料充足且便宜的情况下，未来20年，蒸汽犁将会在美国西部平原上得到广泛应用。

1859 年 ● 铝的价格
⏱ 4 月 APRIL

　　仅在几年前，由于难以从氧化物中提取，铝还是一种昂贵的稀有金属。3年前，1盎司（约28克）铝的市场价格不低于18美元。然而，在气候寒冷、人迹罕至的格陵兰岛西海岸，人们发现了一种储量丰富的铝矿——冰晶石，从这种矿石中提取铝的成本很低。为减少铝的生产成本，格哈德（Gerhard）在英格兰巴特西建立了一个大型工厂。现在，格哈德工厂提取的铝1盎司（约28克）售价仅为1美元。在所有金属中，铝的质量最小，这使铝有希望成为低面值硬币的铸币材料。

1859年 ● 第一口油井
11月 NOVEMBER

　　来自美国宾夕法尼亚州有关石油的最新消息：在大多数县，从珊瑚礁和沥青类矿物质中提炼石油非常困难，但宾夕法尼亚州似乎受到大自然的特别眷顾，这里的石油可从岩石中提取。在宾夕法尼亚州西北部，似乎有大量能出产较清澈石油的地下泉，我们已勘查过其中一部分。最近，人们在寻找盐泉时发现了一口富油泉，这一消息着实让人兴奋。泰特斯维尔附近塞尼卡油泉的日产量目前达到1,600加仑（约6,000升）。看来，人们的兴奋还会持续下去。

1859年 ● 鲸油
12月 DECEMBER

　　1820年，英格兰和苏格兰在北冰洋捕鲸的船只数量已达到156艘，每年获得的鲸油多达18,725桶。但随着街道和工厂中煤气照明的迅速普及，再加上捕鲸难度不断增加，捕鲸业在随后的几年里几乎消失：捕鲸用的旧船被当作运煤船售卖，大量工具被亏本出售。过去几年，尽管煤油的生产量和销售量都很大，捕鲸行业却出现了复苏的迹象，这是因为鲸油（尤其是抹香鲸油）比其他油膏都更适用于机械润滑。铁路和其他行业对鲸油的大量需求激发着更多人加入捕鲸业。

1860 年 ● 农田与肥料
🕐 1 月 JANUARY

　　德国拜恩州慕尼黑的杰出化学家李比希教授（Prof. Liebig）最近写了一篇很有意义的快讯："在过去几个世纪的耕作中，种子和草料只能从田地中吸取少量营养物质，因此当农民重新把含有大量营养物质的鸟粪和动物骨骼当作肥料时，农作物产量就会大幅增加。在萨克森王国（现为德国萨克森邦）的6个不同地点进行的实验显示：在欧洲，玉米和肉类产量的巨幅增长，很大程度上归功于每年进口的100,000吨鸟粪。"

1861 年 ● 针线苦差
🕐 3 月 MARCH

　　目前，英国约有65万名女性受雇为制帽工、制衣工、剪裁工和衬衣制作工。她们做的是纯手工活。一般而言，她们是工人阶级中受剥削最严重、最没有自由、最不快乐的人。现在，缝纫机的缺口多达50万台，这些机器如能到位，女工的收入将翻番。而且至少在接下来的几年里，手工市场的女工也不会有过剩的危险。男人最终必定会从这些单调的针线活中解脱出来，他们将被女工操作的机器替代。这样，目前英国3/4的男性熟练裁缝和学徒——约50,000青壮劳动力，将会被调配到海军，或从事比针线活更适合他们的工作。

1861 年 ● 强劲的大风

12 月 DECEMBER

　　有一种力量是大自然无偿赐予，并无限供应给人类的，那就是风力。研究者花费了大量精力研究风力，希望能在风力强劲时储存过剩风能，从中产生持续的电力。下面这张版画描绘的就是最近取得的一项构造最简单的研究成果：利用一架风车抬起若干铁球，然后让它们逐个落进位于齿轮侧面的小斗里，使得齿轮旋转，从而推动发电机。

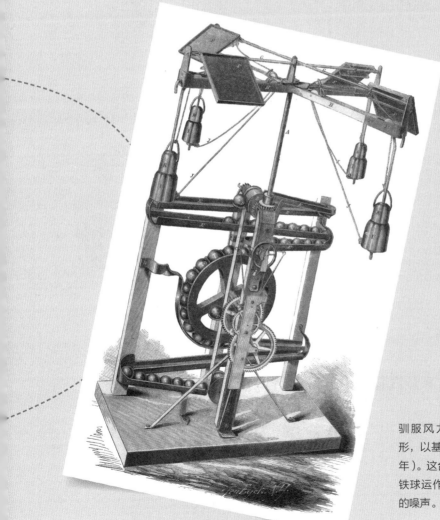

驯服风力：以复杂机械为外形，以基本物理为原理（1861年）。这台"风力发电机"依靠铁球运作，开动时会发出可怕的噪声。

1862 年 ● 缝纫机
🕐 1月 JANUARY

　　这幅插图展现了"惠勒和威尔逊"缝纫机的几个重要改进。虽然从第一次进入公众的视线之后，这款缝纫机的基本操作原理就没有改变过，但在它问世后的近十年里，设计者还是会不时加上一些有用的附加装置。最近添加的是"灯芯绒器"，这个简单的装置可以在衬衫的前襟、领口，或者男士的马甲、外套，以及女士的服装上添加灯芯绒线。

编者注：惠勒和威尔逊公司是当时美国最大的缝纫机制造公司。但是到1907年，公司的生产和零售业务已经全部被胜家公司收购。

惠勒和威尔逊公司推出的新型缝纫机：当年，该公司是快速发展的缝纫行业的首要供应商（1862年）。

1862 年 ● 蒸汽灌溉
🕐 9月 SEPTEMBER

　　大约20年前，埃及的易卜拉欣帕夏（Pasha Ibrahim）在开罗建造了一个100马力（约73千瓦）的蒸汽引擎，以取代原先从尼罗河向博拉克区的几座果蔬园供水的500台水车。当地人

看到机器组装完毕，并得知它的用途之后，都说这位总督疯了。当他们看到这台巨型机器喷出一根根水柱，又立刻说这是法兰克人（西方人）用来抽干尼罗河的魔鬼。尼罗河水的灌溉力实在强大：蒸汽机开动之后，开罗周边的700~800英亩（约2.8~3.2平方千米）土地随即被开垦为果蔬园和甘蔗地。

译者注：帕夏，奥斯曼帝国派驻外地的总督的称号。

1862年 ⏱10月 OCTOBER ● 机械技术造福农民

1860年的人口普查报告称："机械技术在农业生产中的最大成功体现在耕种、收割和后续处理方面，这一点在美国西部大草原尤其明显。犁及其他耕种工具已经得到改良及大范围推广，现在更是在往蒸汽机耕作的方向发展。若没有这些技术进步，这片肥沃土地上的小麦和玉米是难以耕种的。在每一个大型农场里，农民已经和收割、脱粒、簸谷和清洗的机器难舍难分。"

1863年 ⏱7月 JULY ● 盐矿

科学调查发现，美国路易斯安那州新伊比利亚的盐矿矿床属于储量最大、矿藏品质最为优良的那类盐矿。无论其丰饶度还是纯度，在全球范围内均数一数二。一篇报道这样描述："不妨想象一下，马萨诸塞州所有的花岗岩采石场，或是佛蒙特州所有的大理石采石场，全变成了由精纯岩盐构成的固体矿床，潜藏于大地的深处。这些岩盐矿纯净又透明，仿若透亮的白色冰晶一般，并且储量丰富，取之不尽，用之不竭。"

编者注：在美国路易斯安那州艾弗里艾兰上发现的岩盐矿，先后产出了1万吨以上的岩盐。

1863 年
🕐 8 月 AUGUST

● 制衣机器

眼下有些行业的竞争异常激烈，只要有能够促进生产的设备和方法，人们就一定会采用。这一点在有裙撑的裙子的生产中尤其明显。在这个行业里，制衣工的工作量和手艺至关重要。下图中所示的是一款新型裙框，它比目前广泛使用的旧裙框先进许多。

在手工制衣年代的新式制衣法（1863年）

1863 年
🕐 9 月 SEPTEMBER

● 砸毁机器

假如憎恨人类的撒旦非要想出一个降低人类工资的最好办法，他最有效的选择无疑是诱惑暴民摧毁那些节省劳力的机器。财富是由劳动者持续不断地创造出来的，而劳动者所能创造的财富又和他们使用的工具及机器的质量和数量成正比。一个人可以徒手生产一些东西，有了斧子或锄头的帮助，生产的东西就能更多一些；有了马匹和犁地工具，产量就更高；有了蒸汽机或锯木厂，产量更是可以倍增。当财富被创造出来，它就会在制造财富的工人，以及拥有工具或机器的业主间分配。自从有了蒸汽机、多轴纺织机、轧棉机和动力织布机，英国和美国的劳动力价格就翻了几番。

技术进步改变生活

1856年
2月 FEBRUARY

燃料价格

　　在法国巴黎，烹制一顿正餐所消耗的燃料费，几乎和食材本身的价格差不多，这是因为燃料非常匮乏。美国人非常惊讶地发现，在巴黎市内，到处都能找到这种燃料店：店内设有类似鞋店里放置的那种架子，上面摆放着木材，全都劈成手指大小，像芦笋一样整齐地扎在一起。更大的木棍也像这样捆在一起，而且售价高得吓人。硬煤的价格几乎和木材一样贵，在任何一家这样的燃料店里，都可以按最小量购买。

1856 年 ● 街道清理
3 月 MARCH

　　我们相信，费城是美国唯一长期使用街道清理机的城市。不久的将来，机械清理机将完全代替人去清理街道。机械清理机的普及将为我们城市的健康和整洁做出巨大的贡献。这种机器（见下图）的主体为轻便的三轮车。来回摆动的扫帚将灰尘通过倾斜的小片送到不停旋转的传送带上，与此同时传送带会将灰尘堆积成一列，这样就很容易把灰尘铲进垃圾车里。

靠机械和马力来驱动的街道清理机（1856 年）

1856 年 ● 普鲁士的犯罪现场调查
🕐 4 月 APRIL

近来，在普鲁士的一条铁路上发生了这样一件事：人们发现一个本应装满银币的圆桶在运至终点时，里面却装满了沙子，原来的银币消失得无影无踪。为了追踪银币的去向，柏林的埃伦贝格教授（Prof. Ehrenberg）提取了铁路沿线所有车站的沙子样本，以求利用显微镜来判别桶中沙子来源于哪个车站。一旦沙子来源的车站得到确认，从几个当班人员中寻找疑犯就不难了。

1856 年 ● 罪犯小心了
🕐 5 月 MAY

据《医学时报》（*Medical Times and Gazette*）报道："科学的手指向了那些利用马钱子碱犯罪的谋杀者，这使得他们妄图利用这小小的白色粉末杀人于无声的幻想破灭了。实际情况与他们的幻想恰恰相反，马钱子碱会使受害者临终前出现强烈的抽搐和典型的痉挛症状。残留于死亡动物隔膜中的微量马钱子碱晶粒，在化学家适当的检测方式下，会显现出一系列璀璨绚丽的彩色光圈。"

环球科学 小词典
ABC

马钱子碱：别名，士的宁、番木鳖碱；分子式，$C_{21}H_{22}N_2O_2$。马钱子碱常温下为无色晶体，有刺鼻气味。吸入、摄入或经皮肤吸收马钱子碱有可能致死。中毒症状有：中枢神经被破坏，继而导致强烈反应，最终会导致肌肉萎缩。中毒者会窒息、无力及身体抽搐。开始时中毒者的脖子发硬，然后肩膀及腿痉挛，直到中毒者蜷缩成弓形。并且只要中毒者说话或做动作就会再次痉挛。尸体仍然会抽搐，面目狰狞。马钱子碱中毒会令人十分痛苦，其表现与破伤风类似。

1856 年 ● 扒手陷阱
🕐 8 月 AUGUST

从外观上看，这一发明无论大小还是形状都与怀表类似。它的内部装有一个铃和弹簧锤，弹簧锤连接着表链。假定窃贼通过拉动表链偷窃怀表。而当怀表换成这一发明时，就不是贼拿到了表，而是"表"捉到了贼。因为拉动表链会撞响警铃，事主就能立即发觉并抓住窃贼，让警察将窃贼送入监狱。

1857 年 ● 谋杀
🕐 2 月 FEBRUARY

上月29日清晨，人们发现伯德尔博士（Dr. Burdell）在自己的房间中遇刺身亡。他与管家的关系相当恶劣，而且管家身上也有一些看似明显的犯罪证据。但经过科学分析，管家的部分犯罪嫌疑已被排除。在管家的抽屉中，找到了一把沾有少许血迹的匕首，但化学检验证实这并非血迹，而是锈迹；经证实，她那件蓝色丝裙上明显的红色污迹也不是血迹，而是糖或果酱留下的痕迹。目前，犯罪证据指向一个有嫌疑的房客。在他的工作室和卧室里，分别找到了一把刀子和一张报纸，经过检验，上面确实都沾有血迹。用显微镜对血块和红细胞进行观察发现，这些血为动脉血。

1857年 🕐6月 JUNE ● 气球漏气

我们认为，继去年在冬季假期成功打入巴黎市场之后，玩具气球（由牛肠薄膜制成）也会被当作一种漂亮而又讨人喜欢的玩具，成为美国孩子的新宠。最近，气球已在城市中流行开来，被摆进了各种商店的橱窗。很多购买了气球的孩子非常惊讶地发现，他们的气球每天都在缩小，最终变成皱皱巴巴的皮囊，再也看不出球的模样。这是因为填充气球的气体（氢气）一直在通过气孔缓慢泄漏。

1857年 🕐8月 AUGUST ● 合法麻醉

在比利时，醚麻醉技术成为获取司法信息的手段。在一次重大抢劫案发生之后，两名男子被捕，并被送上了法庭。其中一人被判处终身苦役，但是，另一名男子却因假扮哑巴和白痴而被推迟审判。表面上看，他的智商确实很低。但在一次药物测试中，这名男子在醚麻醉状态下还能说出流利的法语。最终，他被判处10年苦役。

1857 年 ● 早期水表
9月 SEPTEMBER

充足的供水作为城市居民的一项福利，应该得到称赞。不过，为了防止浪费，有必要采取措施去记录每个家庭和每个企业的用水量。下图中展示的水表就是一个很好的选择，它的结构设计合理，不需要其他配件；在使用中，水表几乎不受摩擦力影响，无论水流迅猛还是缓慢，都可以保证测量的准确性。

早期水表（1857年）

1858年 ● 从黑夜到白昼
⏰1月 JANUARY

在所有可燃液体中，鲸油并不算最好的。但由于鲸油资源有限，供应量逐年受限，它的价格一直居高不下。这使得人们不得不寻求便宜的替代品。目前使用最普遍的替代品，就是所谓的"燃液"——一种酒精和松节油的混合物，这种液体既便宜又干净。1830年，燃液首次进入大众市场。但由于它的易挥发性而引起的油灯爆炸已导致多起严重事故，其中一些事故还造成人员伤亡，因此它没能成为理想的照明燃料。眼下，人们期待着更加安全的替代品问世。

1858年 ● 量体裁衣
⏰3月 MARCH

人体是非常对称和优雅的，但令人吃惊的是，大街上衣着难看、不具美感的人比比皆是。对此，我们只能说，做这些衣服的裁缝手艺不佳。对不修边幅的穿着采取无所谓的态度，我们应该谴责。就像我们必须穿外衣一样，穿着得体也很必要。左图显示的是，美国南卡罗来纳州列克星敦的西米恩·科利（Simeon Corley）发明的一种工具，专门用于精确测量人体尺寸，以及测量后在布料上画出服装草图。

裁缝的精确测量工具（1858年）

1858 年 ● 致命的美丽
4 月 APRIL

　　在脸上化妆，刻意保持非自然肤色，起初，我们只觉得这很幼稚。但当知道这竟然都是大量使用砷的结果时，我们就该严肃对待了。在女士必需的化妆品中，铋和锑的含量同样不低。我们应该让每个人都知道，形象地说，有些女人的确能给她们的爱慕者"致命的"一瞥。

1858 年 ● 酸气
10 月 OCTOBER

　　如果把祛除银器上黑色硫化物的方法告诉女管家们，她们肯定会感谢我们。在镀银和纯银的器皿、门牌和门把手的表面，都会出现一种黑色硫化物，但只要用蘸有（淡）氨水的抹布擦拭，硫化物很快就会消失。黑色硫化物的出现，并不意味着银的纯度不高，即便在纯银表面和铜银合金表面也会出现这类物质。这是因为下雨之后，街上的土壤会散发出大量的硫化氢。

1858 年 ● 点亮世界
12 月 DECEMBER

　　蜡烛是人类最古老的发明之一。尽管今天的人类已经拥有可燃液体、煤气和煤油，但在人们生活中，蜡烛仍是一种不可取代的光源。对富人来说，它是一种奢侈的享受；对穷人而言，它是一种恩惠。不过，迄今为止，蜡烛还是一种油脂制品，燃烧时会淌下大量蜡油，需要经常剪烛花。人们一直希望能够找到解决这些问题的方法。现在，一项已获得专利保护的技术可以硬化普通蜡烛，使之达到可与鲸蜡或高价蜡烛相媲美的燃烧效果。蜡烛的硬化外层熔点比制作蜡烛所用的动物油脂高得多，使蜡烛在燃烧过程中可以保持漂亮的杯型，蜡油就不会淌下来。

1859年 3月 MARCH ● **反迷信协会**

　　证明迷信都是胡扯的唯一方法，就是大胆反抗。一些勇敢的法国人正在为此努力。他们在波尔多成立了一个协会，来反对对于凶兆的迷信行为。在法国，人们认为如果在周五启动任何计划，或13个人围坐在桌子旁，或在自己和朋友间撒盐，便会招致"厄运"。因此这个新成立的协会提议，在每周五组织餐会，每次有13个客人参加，开饭前还要在周围撒盐，以此来抵制迷信。

1859年 10月 OCTOBER ● **舆论的力量**

　　历史上，埃及、亚述、希腊、罗马等国家都曾强盛一时，取得了辉煌的成就。在强盛时期，这些国家国民的知识水平很高，身体素质也很好。但好景不长，由于沉溺在以往的成就中，这些国家很快走向衰落。但在当前这个不断进步的时代，我们无须担心会出现这样的结果，因为出版业会阻止类似事件的发生：作为一种强势媒介，它能使公众习惯思考，避免思维僵化。

1860年 ●面包革命
2月 FEBRUARY

过去10年间，面包制作领域发生了一场革命。传统的发酵面包的做法是把生面团放在一个温暖的地方，直到它开始发酵。其中的化学过程是，面粉中的淀粉变成糖，糖被分解为碳酸和乙醇，这两种成分在面粉颗粒间形成，使面粉膨胀。但在操作过程中，人们必须非常小心，以防止面粉变质。因此，用酵母发酵的现代手段更受人们青睐。过去10年间，除了用酵母做面包的方法，我们还有了发酵粉、自发粉之类的产品，现在99%的家庭都在使用这些产品。

1860年 ●反对家庭作业
10月 OCTOBER

让一个已在学校枯坐6个小时的孩子回到家再花4个小时学习，他们的智力不可能因此有所发展。自然规律不可违背。繁重而使人厌烦的课业负担，也许会使孩子们像鹦鹉那样成功地记住很多词汇，但脑力耗尽，会使他们无法真正掌握和理解这些课程。这种教育模式对孩子智力造成的削弱甚至超过给他们身体带来的影响。每当见到一个小女孩背着一大堆书籍蹒跚回家，晚上8点还要皱着眉头赶作业时，我们就想为什么人们没有立刻抄起菜刀、铁棒、木棍、板砖或手边的任何武器，像驱逐吞噬孩子的野兽那样，把公立学校的管理者赶出学校。

1861 年 ● 肥皂与文明
🕐 1 月 JANUARY

　　按照李比希的说法，根据一个国家的肥皂消费量，我们就能准确衡量出这个国家的富裕水平和文明程度。政治经济学家当然不会认可这一点。但是，无论我们把这种观点当成一个笑话还是一个预言，以下说法至少是真实的：我们在一定程度上可以断言，在两个人口数量相同的国家中，较为富有且文明程度较高的国家必然是消费肥皂相对较多的那个。这种消费并不会带来感官上的满足，也与时尚无关，而是取决于人们对美丽、舒适和健康所持有的观念，以及随之而来的对于清洁度的要求。

1861 年 ● 菊酯杀虫剂
🕐 2 月 FEBRUARY

　　近来，药物市场上出现了一种名为"波斯杀虫粉"的植物粉末，可用于杀灭害虫和植物寄生虫等。除了生产商，其他人直到最近才弄清楚这种粉末是用哪种植物原料制成的。在好几年的时间里，人们都错误地认为这是波斯特产，但科赫博士（Dr. Koch）追根溯源后明确指出，这种粉末其实产自高加索地区，由红花除虫菊和除虫菊这两种花朵捣碎而成。粉末呈灰黄色，完全没有气味，只是对鼻孔有轻微的刺激作用。品尝时，刚开始几乎无味，但过后舌头会有灼热感。由于它确实能杀死臭虫、蟑螂和观赏植物上的寄生虫等害虫，杀虫效果已被完全认可，而且没有毒性，因此如果能广泛使用，对家庭和园艺家都将有非常重要的意义。

1861 年 ● 钟表匠
⏱ 4 月 APRIL

弗雷德里卡·布雷默（Frederika Bremer）描述了日内瓦钟表制造厂的场景："在日内瓦，怀表的制作规模已经极为可观。中国的市场需求量尤其巨大。据我了解，一个讲究的中国人会在胸口每一边都塞上一块表，由此可以校对彼此的时间。富裕的中国人会在他们的房间墙壁上挂满钟表。与那些为欧洲人制作的钟表相比，它们的外表更具观赏性，制作时需要使用更多金属丝来装饰。中国人万岁！在日内瓦，有一家规模最大，工艺最为精良的钟表制造厂专门负责生产表盘。在那干净、暖和的生产车间里，二三十位上了年纪、衣着讲究的美貌妇女坐在一起专心制作表盘。"

1861 年 ● 饮茶时间
⏱ 10 月 OCTOBER

据说由于美国南方缺少茶叶，那里的人又重新喝起了代茶冬青——北卡罗来纳州的印第安人制作"黑饮品"（black drink）的原料。这种饮品他们差不多从来到该地区起就开始饮用，尽管主要是在贫困阶层中。代茶冬青生长在弗吉尼亚州以南的沿海地带，在帕姆利科湾周围的珊瑚岛上尤其茂盛。当地居民经常采集它们的叶片和嫩枝，换取等量的玉米。这暗示着一个事实，这种植物当中含有茶叶和咖啡共有的成分——一种名叫"茶碱"或"咖啡因"的物质。

译者注：代茶冬青，一种植物，产于美国东南部，叶片有时可以代替茶叶。

1862年 ⏱1月 JANUARY ● 崇高的壁炉，卑微的烤炉

　　想起以前的时光，一间宽敞的厨房就会鲜活地浮现在脑海里。在这样的厨房里，最出彩的部分就是那老式壁炉，还有炉子里那些烧红的炉灰、粗大的木柴和铁制的柴架。炉火燃起时，整间屋子都会笼罩在光辉中，朴实无华的家具都被明亮的火光涂上一抹金色。那时的空气是多么纯净！硕大的壁炉带来了轻快的穿堂风，将空气中的杂质带走，留下纯净、健康、让人充满活力的空气。而如今，我们蹲在热乎乎的炉灶周围，奇怪为什么自己整晚都如此迟钝、困倦；要不然就是围聚在密不透风的火炉边上，纳闷屋里的空气为什么燥热而浑浊。

1862年 ⏱2月 FEBRUARY ● 撒盐和融雪

　　冬天，在冰雪覆盖的城市铁路轨道上撒盐，会让冰雪融化得更快，但道路却因此变得泥泞不堪。由此暴露出来的弊端，或者说是想象出来的弊端，需要各位市政官员和其他人做出明智的判断。为此，美国费城议会征询了专家意见。富兰克林研究所的兰德教授（Prof. Rand）表示，他并不认为在道路上撒盐后，鼻黏膜炎在儿童中的致死率有所上升。撒不撒盐的唯一区别在于：撒了盐，道路只会泥泞一天，而不撒盐，则会泥泞一周。

1862年 ●可恶的钢笔
⏱3月 MARCH

难道不是钢笔横扫这片土地，令得体的手写体近乎绝迹？100个人里，难道不是有99个人正在使用钢笔，而且在这99个人中，不止一人厚颜无耻地说过，自己能用钢笔书写？帕莫斯顿勋爵（Lord Palmerston）说得不错——这一代人写的字糟糕透顶，而随着钢笔的广泛使用，下一代还会更糟。

1862年 ●地下铁路
⏱5月 MAY

伦敦地下铁路的建设即将完工。这条铁路在伦敦城下延伸了4.5英里（约7.2千米），起点站是维多利亚街。以前人们对这个地方没什么好印象，现在却是大北线、伦敦—查塔姆—多佛尔线和大都市线的交汇点。在最近的一次旅行中，本人搭乘地下铁路坐了几站，结果发现车厢内空气清新，没有任何不适感或潮气。机车冷凝了蒸汽，吸收了烟尘，因而一点儿气体或水珠都没有。

编者注：文中的地铁于1863年开通，部分隧道至今仍为伦敦的地铁系统所使用。

● 雪橇改良

　　现在，每个男孩都可以在雪橇上坐直身子，舒舒服服地滑下白雪皑皑的陡坡了。他们的腿和脚可以放到雪橇上，拉动缰绳就能控制方向，仿佛驾驭一匹骏马。看一眼下面的版画，你就能明白这是怎么回事：多亏艾萨克·牛顿·布朗（Isaac Newton Brown）的新发明，他在雪橇前方装了一个方向舵，从而改造成了滑橇。版画里还展现了有危险性的旧式雪橇，也就是我们还是小男孩时玩的那种。

可以驾驶的雪橇：可怜可怜这个没有"布朗滑橇"的男孩吧……（1862年）

1862年 ⏱11月 NOVEMBER ● 橡胶玩具

　　由硫化橡胶这种神奇的材料制成的各种产品中，又出现了一种新的弹性玩具。威柯匹工厂（Wiccopee Factory）位于美国纽约马特宛附近的费什基尔，每年会制造大量这类玩具。这种新玩具在各个方面都要优于老式的德国玩具。很多玩具娃娃看起来像是穿着由天鹅绒和精细羊毛制成的衣服，但实际上，这些衣服都是由橡胶制成的。为了产生丝绒或羊毛的效果，往往会将丝线或者羊毛绒屑撒在娃娃身上事先涂好清漆的部分，使这些绒屑粘在上面。

1863 年 ● 冰岛酸奶
2 月　FEBRUARY

　　冰岛的日常饮食主要有两样，一个是风干的生鳕鱼，还有一个是名为"skier"，类似于酸奶的乳制品。这种酸奶就是先让牛奶变酸、凝结，然后装进袋子里挂起来，直到乳清流光为止。这种形态的牛奶营养丰富、有益健康，而且比一般的鲜牛奶更容易消化。

　　一旦喜欢上冰岛酸奶，你就会觉得它的味道清淡、可口、凉爽宜人。设得兰群岛的居民就是用这种方法处理牛奶。牛奶在处理的第一阶段，被称为"流奶"，此后直到酸奶做成，被称为"挂奶"。我们认为变酸的牛奶无用而害人的观念，只不过是无知的偏见而已。那些主要以奶制品维生的人钟爱冰岛酸奶，而且他们的选择也得到了医学权威的支持。

1863年 ⏱7月 JULY ● 睡眠工艺

　　下面的版画展现了一种结构经过改良的弹簧床，相关工艺已获得专利许可证。就经济性、舒适性和耐用性而言，这种床的性能无与伦比，其生产商甚至自信地声称，它们的使用寿命可达50年之久。

具有科学理念的优雅家居，配置了当时工艺最先进的家具（1863年）。

在困境和灾难中前行

1856年
7月 JULY

危险的铁路

　　无论是在安全性还是在舒适性方面，美国或英国的铁路都无法与普鲁士相比。去年，在普鲁士总共只有两人因铁路失去生命，而且没有一个是由铁路管理的疏忽所致。由此可见，他们的铁路管理还是值得效仿的。与前几年相比，美国的铁路安全性已有所提高，但还留有提升空间；现阶段，公共交通运输公司对公民的生命安全仍然没有给予足够的重视。

1856年 ●危险的醚

🕐12月 DECEMBER

一则来自南美巴伊亚的新闻提到，一艘名为"法兰西号"（La France）的混合汽醚船在该港口着火燃烧。在温暖的环境中醚不能够以液体状态存在。在这种情况下，大量的醚从盛纳它的容器中逸出，引起火灾并把整艘船烧毁。醚的沸点在96℉（约35℃）左右，因此，将汽醚船驶进炎热地区，停泊在一个水温高达100℉（约37.8℃）的港湾，的确是一个愚不可及的决定。

1857年 ●棉花着火

🕐3月 MARCH

近来发生在莫比尔的大火烧毁了几千包棉花。为此，美国南部地区的多家报纸都在讨论是否应该考虑有利方法，使用金属丝来捆绑棉花。使用金属丝的最大好处就是，它不像绳子一样易燃、易断。着火时，一旦绳子断裂，棉花就会散开，随着风势引燃附近的棉花包，造成更大损失。用金属丝捆绑的棉花则不易被引燃，即便是着了火，也多处于闷燃状态。

1857年 ● 严格检疫
🕐 4月 APRIL

　　黄热病最近在纽约港加弗纳斯岛上的驻军中流行，该疾病来源于一些从佛罗里达军队病退下来的士兵。在莫里斯岛（Morris' Island）上，这些士兵的不少战友也出现了生病甚至死亡的现象，这正符合上述观点，同时也表明，严格执行检疫条例至少也能为这座城市排除一个病例。我们有理由相信，只要我们有能力排除一个病原携带者，那么更多的病原携带者就有可能被排除。无论是商人还是普通市民，都应该认识到，检疫条例的规范化和严格执行具有重要意义。

1857年 ● 越绿越干净
🕐 5月 MAY

　　"印度的储水池中都覆盖着一层绿色水草,"《印度医学年报》（*India Annals of Medical Science*）指出，"水草在给水增添了绿色的同时，也起到了强大的过滤作用，使水质变得洁净卫生——在绿色水草生长的地方你也能发现小鱼和纤毛虫，它们也有保持水质的功能。"查尔斯·内皮尔爵士（Sir Charles Napier）在视察旁遮普（Panjaub）山区时，发现当地人从长满水草的水池中取水，于是下令立刻清理池中的水草。此后，池水很快变质，无法使用，直到水池中再次种植了同样的水草，水面被重新覆盖后，情况才有所改观。

1857年 ●保护鱼类
🕐7月 JULY

　　很多人想引进优质鱼苗，让河流再次成为鱼儿的乐园。但我们要提醒他们牢记一点，如果想要成功，就必须保持河流的清洁。曾经在一些河流中大量栖息的鲑鱼和其他一些鱼类，现在确实已经杳无踪迹。人们普遍认为这是渔民疯狂捕捞的恶果，其实不然。在河流附近，一些锯木厂拔地而起，破坏了鲑鱼和鳟鱼的产卵环境。在附近建有化工设施的全部河流中，鲑鱼都已经彻底消失。这种鱼喜爱干净、流动的河水，这非常明智。

1857年 ●防火纱裙
🕐9月 SEPTEMBER

　　身着轻薄纱裙的女士很容易"引火烧身"，在多起事故中，许多人在火被扑灭前就被烧死了。女演员和女芭蕾舞演员尤其容易陷入这种险境。著名的芭蕾舞演员克拉拉·韦伯斯特（Clara Webster）和其他一些人就是这样失去了生命。因此，大家有必要了解，在用低浓度的氯化锌溶液浸渍过后，裙子或者衣料就会具有很好的防火性。

**环球科学
小词典**

克拉拉·韦伯斯特：19世纪40年代英国最出色的芭蕾舞演员之一。1844年，当她在特鲁里街剧院演出时，舞台上的油灯引燃了她身上的舞蹈纱裙，火焰迅速蹿至全身。火灾之后仅过了3天，这位出色的芭蕾舞演员便匆匆告别人世。

1857 年 ● 黄金船
10 月 OCTOBER

据"中美洲号"(Central America)的幸存者回忆,当时船上的乘客几乎都携带了数百美元的财物,还有一些人估计,他们所携带的黄金价值数千美元。大部分乘客是(从加利福尼亚)返家的矿工,有的憧憬着未来的美好生活,有的要接家人前往"黄金之国"。但是,随着暴风雨持续肆虐,人们不再时时刻刻惦记着黄金。到了星期六,乘客们已经意识到他们随时有可能葬身海底,有钱的人开始丢弃钱袋,黄金撒得满地都是,谁有胆量都可以捡——但要知道,几盎司(1盎司约合28.35克)的重量没准就会把人带进地狱。

编者注:"中美洲号"轮船在美国北卡罗来纳州海岸沉没,轮船残骸在1987年被发现,至今已经打捞出多达3吨的黄金。

1858 年 ● 病房采光
11 月 NOVEMBER

詹姆斯·怀利爵士(Sir James Wylie)生前是俄国沙皇的内科医生,他曾在圣彼得堡医院研究光作为一种医疗手段的功效。他发现,在光线充足的病房里,病人的治愈率比住在光线昏暗的病房里的病人高4倍。这一发现在俄国众多医院里引发了一场照明系统的革命,大量病人因此受益。这些都得益于光的作用,要知道,如果没有充足的光照,植物和动物都不可能健康生长。在过去一个世纪里,所有文明国家的健康状况统计数据都显示,人们的健康状况得到了明显改善。这可能正是因为随着房屋结构的不断优化,更多光线能够进入室内。

1859 年 ● 安全与疏忽
🕐6月 JUNE

　　铁制螺旋桨蒸汽船"爱丁堡号"（Edinburgh）的经历，充分体现了带有水密舱的船舶的优势。这艘蒸汽船主要在美国纽约和英国格拉斯哥之间往来航行。6月6日，在加拿大纽芬兰圣约翰斯以东约186英里（约299千米）的地方［53年后，英国皇家邮轮"泰坦尼克号"（RMS Titanic）在上述事故发生地以南约350英里（约563千米）的地方沉没］，"爱丁堡号"在浓雾中撞上了冰山，船体前板在碰撞中被击穿。但由于船舱分为多个水密舱，其中只有两个立即被水灌满，其余完好的水密舱在返回圣约翰斯途中，让船体在海上漂浮了30个小时。如果这艘船没有建造水密舱，它将在事故后半小时内沉入海底。

1860 年 ● 取火镜
🕐3月 MARCH

　　致棉花商的重要通知：小心"牛眼"！据《纽约论坛报》（New York Tribune）报道，那些频繁起火的运棉货船主要是美国船只，它们都有一个重要特征：安装有名为"牛眼"的凸面舷灯，而其他国家的船只很少使用这种灯。在美国装卸棉花的港口发生的火灾中，没有一起火灾发生在他国货船上，其中的原理是，"牛眼"就像一个取火透镜，不论何时，只要阳光在不经意间穿过它，焦点范围内的易燃物就会被点燃。

● 接种疫苗

"（室内照明用的）煤气是一种强力消毒剂，在它的效用范围内就不会有传染病。"我们引用这句话，是想批驳这样一种说法：煤气可以防止人们染上天花。在城里那些使用煤气照明的人中，天花的确罕见。但这是因为那些人足够聪明，懂得提前让家人接种了疫苗。天花的受害者主要是毫无远见的人们，他们使用易燃液体照明，对天花和将来的任何事情都不采取预防措施。

1860 年 ● 牛瘟疫
◷4 月 APRIL

由于传播范围不断变大，这场牛瘟疫可能成为美国有史以来最大的灾难之一。从缅因州到得克萨斯州，成千上万的牛正面临致命疾病的威胁。人们一想到这种情况，心里就会充满恐惧。在农村，人们为瘟疫造成的损失而忧心忡忡；在城市，人们则担心买到病牛肉。但是这些担心，可能只是一定程度上的想象，不可能完全成为现实。在马萨诸塞州，政府委派了三名官员对具体情况进行调查并授权他们将生病的或接触过传染源的牛全部宰杀，相关费用由政府承担。实际上，这只是一种肺部疾病，牛的其他器官并不受疾病影响。

编者注：这种疾病可能是牛传染性胸膜肺炎。

1860年
⏱5月
MAY

●地方性结核病

　　医学博士亨利·米勒德（Dr. Henry Millard）估计，大约1/6的人类死亡病例都由结核病导致。在美国纽约，从1848年到1859年，结核病患者的死亡率为1∶8.46。在大城市，结核病的发病率并不一定比小城市高。而在不同职业中，结核病死亡率最高的两类人群是裁缝和鞋匠，最低的是律师。

1860年
⏱6月
JUNE

●臭气熏天的泰晤士河

　　在去年最干旱的3个月中，曾经闻名于世的河流——"老父亲泰晤士"变成了大型污水沟。它臭气熏天，整座城市都闻得到。最近，一则与此相关的报道宣称：6月、7月和8月，价值约88,000美元的除臭剂——主要是478吨的漂白粉和4,280吨的石灰粉被撒入泰晤士河。这些粉末大多被投放到下水道中，但由于河水温度一直较高，达到69℉~74℉（约20℃~23℃），使得所有为除臭而做的努力都变得毫无意义。今年，大量的高氯酸铁已经准备就绪，它们将用来消除"老父亲泰晤士"鼻烟壶里的恶臭。

1860年
⏱7月
JULY

●注意事项

　　在英国，病人普遍痴迷于"茶"，以至于你只能认为这是一种对茶的生理需要，否则难以找到其他解释。虽然少量的茶和咖啡能让病人受益良多，但大量的茶，尤其是咖啡，会进一步损害他们孱弱的消化系统。然而，护士看到一两杯茶或咖啡能促进病人恢复，就会想当然地以为饮用量加倍，功效也会加倍。事实并非如此。在我知道的英国病人中，只有斑疹伤寒患者拒绝喝茶，而他们病情好转的最初征兆就是，再次有了喝茶的欲望。

——弗洛伦斯·南丁格尔（Florence Nightingale）

译者注：南丁格尔，英国女护士、医疗改革家，护士业的创立者之一。

1860 年 ● 毒药捕鱼
9 月 SEPTEMBER

一篇关于用毒药捕鲸的文章刚刚在英国发表，文中提到的药物是氢氰酸。毒药用量仅有2盎司（约57克），装在玻璃管中，随后固定在鱼叉上。W.扬先生（Mr. W. Young）和G.扬先生（Mr. G. Young）给他们在格陵兰渔场作业的一条船寄送了一批这样的鱼叉。遇到肥壮的鲸鱼时，人们会熟练地把带有毒药的鱼叉深深刺入鲸鱼体内。随后，这头庞然大物会立即垂直潜入海底。但很快，连接着鱼叉的绳子就会松弛，鲸鱼尸体随之浮出水面。带有毒药的鱼叉的威力太过惊人，让人感到害怕，以至于人们不敢再次使用它们。

1861 年 ● 野战炮的进步
5 月 MAY

受到墨西哥战争启发而提出的榴弹炮，专门为浅水或陆地军事行动而设计，用以打击没有海军但拥有广阔海岸线的敌人。在这些军事行动中，轮船吃水不能太深，船上需要配备火力尽可能大、重量尽可能轻的武器。达尔格伦上校（Capt. Dahlgren）将这种装备变成了现实。他设计的榴弹炮已在美国海军中广泛使用，所用弹药是炮弹和霰弹，现在又添加了

达尔格伦炮：经过改良的移动
火炮（1861年）

榴霰弹。在海岸军事行动中，这些火炮
被安装在轻便但结实的推车上，如左图
所示。

1861 年 ● 疟疾和战争
⏱7月 JULY

　　虽然原理不明，但我们都知道一个事实：任何一个士兵
死于疟疾的风险，都比他战死沙场的风险高5倍。疟疾是什
么？没人知道。或许它的组成成分是微生物——体积小得连
显微镜都检测不到的动物或者植物；又或许它是某种和电、
温度或湿度有关的大气条件；还有可能，它是植物腐败时产
生的一种气体。目前，最后一种假设最为流行，但它根本没
有得到证实，而且有些事实明显与这种假设相悖。不过，有
一点是不容置疑的：疟疾是大气中的一种神秘毒素，这种毒
素只会出现在特定区域。我们的所有经验都证实了秘鲁当地
人的观察结果：金鸡纳树皮在抵御疟疾毒素上成效显著。鉴
于这种方法的有效性，我们建议，所有士兵都去咨询自己所
在部队的军医，并严格遵从医嘱。

1861年
8月 AUGUST
● 含铅饮用水

水管里的铅锈蚀是个重大问题，尤其是在因供水系统而获益无穷的城市中。所有铅盐都带有极强的毒性，而且就像所有金属毒物一样，它们会在供水系统内富集。我们一直认为"铅盐无法在水中溶解"，就铅管送水的安全性而言，这种说法还有待商榷。当高压下的水流高速通过管道，管壁上那些质量极轻的矿物质微粒就会被冲刷下来，混进水中，像溶解物一般进入供水系统。

1861年
9月 SEPTEMBER
● 航海准则

在从孟买到利物浦的航程中，英国商船"东方之星号"（Star of the East）在莫桑比克海峡失事。官方就事故原因展开了调查。第一个证人是船上的修帆工，他表示船只失事时离岸边大约只有1英里（约1.6千米）。政府贸易委员会聘请的律师廷德尔先生（Mr. Tyndall）问他："船只离岸那么近，你不觉得奇怪吗?"修帆工回答："我们没有权利思考这个问题，在船上只有厨师和船长才有权思考。"这个回答可谓决定性一击。在这句对航海准则的简短阐述之后，那位爵爷们请来的代理人就再也没插过一句话。

1861 年● 强大的"梅里马克号"
🕙 11 月 NOVEMBER

　　随文附上的"梅里马克号"（Merrimac）版画根据一位机械师的素描蚀刻而成。这位机械师是投降后从诺福克来到这里的，他说自己在这艘船上工作过，对它的外观自然相当熟悉。去年春天，就在戈斯波特海军造船厂被毁的时候，"梅里马克号"船身部分被烧毁，随后沉入海底。我们不时听说分裂分子已经成功将它打捞上岸，目前正在对它进行修复。绘制那幅素描的机械师说，船壳的上半部分已被大量切割，只保留到了吃水线以上3英尺（约0.9米）的位置；船的炮甲板上还造了一座防弹屋；船头和船尾都覆了钢板，装了突出的铁块，专门用来撞破别的船只。

编者注：四个月之后，这艘改名为邦联海军"弗吉尼亚号"的军舰和联邦战舰"莫尼特号"展开了世界上第一次装甲舰之间的对决。

一艘早期铁甲战舰亮相（呈现在一幅略带想象的蚀刻版画中），它就是邦联海军"弗吉尼亚号"（CSS Virginia），原名"梅里马克号"（1861年）。

1862 年 ○2月 FEBRUARY ● 弹片伤也能治疗吗？

美国众议院军事委员会正在考虑，是否将塞缪尔·哈内曼（Samuel Hahnemann）的疗法（顺势疗法）引入陆军。该委员会已同意授权杜恩先生（Mr. Dunn）起草法案，指导美国战争部医疗局在数量与资质皆符合特定条件的情况下雇佣顺势疗法学院毕业生担任军医。这项议案在委员会引发了激烈的争论，整个现役军医界均持反对态度。我们能够理解，笃信顺势疗法的麦克莱伦将军（Gen. McClellan）很渴望在陆军中实验这套疗法。为什么不试试呢？顺势疗法在美国有数以千计的坚定支持者，而且这种疗法正在迅速发展。

环球科学 小词典

顺势疗法：在18世纪由德国医生塞缪尔·哈内曼创立的一种疗法。其基本原理是，为了治疗某种疾病，需要使用一种能够在健康人中导致相同症状的药剂。目前还没有足够的证据证明顺势疗法的效果强于安慰剂。

1862 年 ○3月 MARCH ● 第一场铁甲对决

正当披着铁甲的"梅里马克号"在我们海军的木船中大肆破坏，使这里陷入一片惊恐之时，体型娇小的"莫尼特号"（Monitor）带着它的两门大炮来到战斗现场，迅速将这场失败扭转成了一场辉煌的胜利。一连几个小时，"莫尼特号"都在"梅里马克号"周围绕行，精准地往对手船体上的各个部位发射炮弹。它的打击空前猛烈，自身却毫发无损，最终使劲敌身负重伤，撤离战场。根据"莫尼特号"的购买合约，它必须在炮火中经受试练，通过后方可在海军服役。不过，当初没人料到，它将会经受如此严酷的考验。正是这次考验注定了一切木制战船使命的终结。

1862 年 7月 JULY ● 狂犬的危害

要预防狗咬，从而预防狂犬病，最有效的方法似乎就是给狗戴上嘴套。杰出的兽医雷诺（Renault）认为，被嘴套束缚的狗反而导致狂犬病的说法，没有任何事实依据。他还引用了在德国柏林得到的数据来证明这一观点。1854年，柏林市下令给所有未拴狗绳的狗戴上嘴套，并要求严格执行。根据柏林兽医学校的统计，从1854年到1861年，柏林只出现了9例狂犬病发病病例，其中没有一例是1856年后染病的。

1862 年 8月 AUGUST ● 美国内战中的造船业

目前，美国的大量工程机构正在忙于建造各种铁甲舰。此前，埃里克森上校（Capt. Ericsson）与海军部签订了一纸合约，承诺根据"莫尼特号"的总图纸建造战舰。其中的五艘已在布鲁克林的格林波因特（Greenpoint）开工，大约有900人参与了工程。这些船的旋转炮塔将在装甲厚度上超过"莫尼特号"，其中多数船还将装备15英寸（约38.1厘米）口径的舰炮。

● 捕虎

在越南南部，虎皮价格昂贵，许多当地人都以捕虎为生。他们用来猎捕这些野兽的圈套相当特别。这些圈套由大片树叶组成，有时还用纸张。这些树叶或纸张的一面涂着粘鸟胶一类的黏液，黏液中含有毒药。这种毒药只要有一丁点进入这些野兽的眼睛，就会让它们瞬间失明。捕虎人在老虎的行进路线上布满这类陷阱，并将涂有粘鸟胶的一面朝上。野兽的爪子一旦踩上这些危险的树叶，就落入了陷阱：因为发现脚上粘了东西，它会尽力把树叶甩掉；而为了挣脱，它会将爪子在身上抓擦，部分毒液就会进入它的眼睛，把眼睛弄瞎。老虎在剧痛中咆哮，咆哮声会引来捕虎人前来将它杀死。

1863年 ● 石油事故
⏱11月 NOVEMBER

在石油从一地运往另一地的途中，或是石油在仓库或厂房储存时，部分液态石油会挥发，继而从容器上的细小孔洞逃逸到空气中。这不仅会造成石油的损失，而且一旦逃逸的石油蒸汽和体积大约是其8倍的空气混合，就会变得同火药一样容易爆炸。这时如果有火柴或灯火与它接触，就会引发剧烈爆炸。曾经就有几艘装载石油的单桅帆船因此而爆炸。不久前，在美国纽约州奥尔巴尼的一家大型制药厂里，也发生了同样的事故。这类事件提醒我们要采取预防手段，比如使用不会泄漏的容器，并物色特殊的储存地点。

探索未知的世界

1856年
2月 FEBRUARY

木乃伊的命运

　　埃及木乃伊有时会被阿拉伯人挖出来当作燃料使用。不管是法老，还是法老的妻子、牧师或奴隶的木乃伊，都一样会被无情地劈开、剁碎——就像砍木头那样。用来防腐的树胶和香脂，使木乃伊成为了很好的烟煤替代品。因此，用来保存木乃伊的方法恰恰变成了促使他们消失的因素。

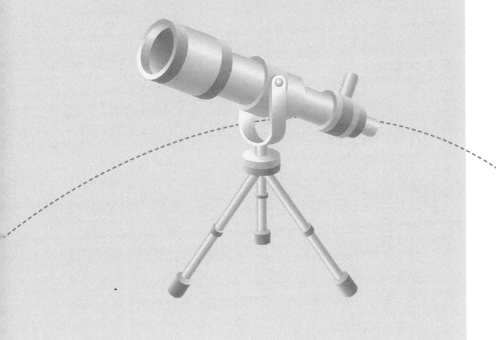

1857 年 ● 利文斯通博士的故事
1 月 JANUARY

　　著名旅行家利文斯通博士（Dr. Livingstone）刚一返回英国就开始演讲。在这段史无前例的旅程中，利文斯通博士只身走进对白人完全陌生的土著人的生活，不得不去面对许多难以形容的困难。凭着对土著人性格和贝专纳语详尽的了解，利文斯通博士逐步消除了当地人对他的敌意。跋山涉水、风餐露宿、浑身湿透对他而言都是家常便饭。在非洲，狮子数量庞大，许多部落崇拜狮子并将其视为已逝酋长灵魂的居所。然而利文斯通博士认为，在英国人们对非洲野兽的畏惧更甚于此。

1857 年 ● 大漩涡
2 月 FEBRUARY

　　几乎所有的地理书都记载过挪威西海岸的大漩涡，它也曾出现在许多精彩的故事之中。但一位欧洲的朋友告诉我，这个大漩涡其实并不存在。他说，丹麦国王派出一支探险队来完成一项科学航海任务：尽可能地沿着大漩涡边缘航行，测量它的周长，观测它的活动，并写成报告。探险队出发了，在传说中大漩涡所在区域四处航行，然而，那里的海面始终像德国海域的其他部分一样平静。在此之前，我听到的都是海洋中一定存在大漩涡，也一直相信这是个不争的事实，并且以为不仅船只，甚至巨鲸有时都会被这个可怕的涡流吞噬，永远葬身海底。

1857 年 ●疟疾的幽灵
🕐12月 DECEMBER

在英国，一支新的探险队已经整装待发，目标是进一步探索著名的尼日尔河——摩尔人将它称为"*Nel el Abeed*"，即"奴隶之河"，黑人又把它称为"*Joliba*"，意为"大水"。恶劣的气候一直是欧洲人进入非洲内陆的主要障碍，旅行和传教都因此受阻。在1855年的一次考察中，一位经验丰富的医生坚持让队员每天服用奎宁，结果所有探险队员都平安归来，"非洲灾难"也到此结束。既然人们已经具备了与气候斗争的实力，那么此次探险可能将是一次平安之旅。

1859 年 ●彗星的作用
🕐1月 JANUARY

彗星有何作用？这一直是引人关注的话题。在《科学的奇迹》（*Marvels of Science*）一书中，著名的趣味读物作家斯蒂芬·沃森·富勒姆（Stephen Watson Fullom）曾提到：笛卡儿（Descartes）、欧拉（Euler）等人相信，整个宇宙充满了一种难以察觉的介质，他们称其为"以太"。无数行星和恒星漂浮在"以太海洋"中。在这种介质中彗星则起着清道夫的作用，防止以太集结成块，使其保持稳定适当的稀薄状态。这种状态能保证，像引力、电、光这样的自然现象严格按照规律产生作用。

译者注："以太"是物理学史上一种假想的物质观念，笛卡儿曾以此解释太阳系内各行星的运动。在相对论建立之后，物理学家抛弃了这种观念。

1859 年 ● 大猩猩
⏱ 3 月 MARCH

　　非洲有一个由巨型猴子——大猩猩组成的部落。虽然白人早已知道大猩猩族群的存在，但至今未能成功活捉到一只大猩猩。它们生活在森林深处，与世隔绝，而且雄性大猩猩强大到能和狮子打斗。在非洲传教的威尔逊牧师（Rev. Mr. Wilson）曾提供过一个大猩猩头骨，目前保存在美国波士顿博物馆。去年，人们把一具大猩猩尸体装在酒桶里，从塞拉利昂寄给了欧文教授（Prof. Owen）。这只雄性大猩猩长相恐怖，身高5英尺（约1.5米），手腕粗细是人类的4倍。它们力大无比，徒手拧掉一个人的脑袋就像我们剥玉米那样容易。

1859 年 ● 恐怖漩涡
⏱ 7 月 JULY

　　挪威沿海的大漩涡并非虚构，关于该漩涡的古老传说更是为它增添了恐怖色彩——在这个巨大漩涡里，有一只旋转着的巨型沸水锅，鲸和船都会被卷入其中，永远禁锢在恐怖的水底。虽然这种漩涡可能确实存在，但它根本没那么恐怖。挪威海事部长哈格吕普（Hagerup）声称，大漩涡是由罗弗敦与莫斯肯之间的涨潮和落潮造成的，从落潮到涨潮这段时间的中间时段，漩涡最为猛烈。

1859年 ⏱9月 SEPTEMBER ●蚯蚓

　　虽然蚯蚓一直受人轻视和践踏，但它们的确是一种有益的生物。查尔斯·达尔文先生（Mr. Charles Darwin）认为，蚯蚓在地下耕作，与人们在地上用铁锹给花园翻土或用犁耕地的作用类似。撒过石灰、泥灰或煤渣的土地表面，最终会覆盖一层细细的土壤。农民通常认为这是铺撒的功效。实际上，这全都是蚯蚓的功劳。达尔文说："施以泥灰的田地经过它们的劳作，80年后平均土壤厚度可达13英寸（约33厘米）。"

1859年 ⏱10月 OCTOBER ●富兰克林的遗物

　　两年前出发前往北极寻找约翰·富兰克林爵士（Sir John Franklin）的探险队回来了。他们带回了关于富兰克林及其同伴厄运全面而翔实的消息。探险队队长罗伯特·麦克林托克（Capt. Robert McClintock）在维克托里角发现了富兰克林的记录本和遗物，并据此推断他遇难的时间大概是在1847年6月，到发现他的遗物时已经过去了11年。富兰克林的所有同伴也都葬身于这片不毛之地。我们希望，这是最后一次对这片覆盖着厚厚冰雪、令人恐惧的偏僻地区的探险。麦克林托克队长在那里发现了一条西北朝向的通道，但这有什么用？它根本不可能用于航行。因此我们的结论是，将生命和财富用于北极探险是一种浪费。

1860 年 ● 食莲人
🕐 1 月 JANUARY

　　著名的非洲旅行者利文斯通博士从赞比西的来信中说道：
"在丰饶的希雷河谷，到处是沼泽和浅湖，其中生长着大量的
莲属植物。当地人忙于采收它们的块茎，这些块茎在煮熟或
烧烤后，吃起来就像栗子。因此，这些人是真正的食莲人，
就像古希腊历史学家希罗多德（Herodotus）描述的那样。河
谷的另一区域有很多大象——一种高贵的动物。象群一个接
着一个，让人望不到尽头。有时，我们会乘着小汽船追逐它
们。河谷的高地上住着很多人，山上大多被开垦出了农田。
以前，这里的人从没见过欧洲人，所以当他们看我们的时
候，眼神中总是充满猜疑。虽然他们一直在观察我们，用弓
和毒箭把自己武装起来，时刻准备击退任何进攻，但从没有
过任何粗鲁的举动。"

译者注：希雷河位于马拉维南部和莫桑比克中部，源自马拉
维湖南岸，汇入赞比西河。

1860 年 ● 电学理论
🕐 4 月 APRIL

　　威廉·格罗夫爵士（Sir William Grove）的实验得到了非
常奇妙的结果，完全证明了现代电学理论的正确性——该理
论认为，从任何意义上讲，电流都不是一种物质材料，而只
是一种物质属性（状态），或者说是普通物质微粒的运动。如
果电不能在真空中传播，那么光、热、磁，以及可能包括引
力在内的其他难以测量的力可能同样如此。然而，由于这几
种力都可以自由穿越行星际空间，因此牛顿关于宇宙中充满
以太物质的假设得到了间接但极为有力的支持。

1860年 8月 AUGUST ● 达尔文引发的争论

　　德雷珀教授（Prof. Draper）的论文引发了英国科学促进会上最为激烈的一场争论。这篇论文参考了达尔文博士近期提出的观点，对欧洲的智力发展进行了论述。

　　德雷珀教授在文中提出，人类不断进化是因为受到外部而非内部因素的影响。从这个意义上说，一个国家就像一颗种子，只有在条件适宜的情况下才能发展；包括人类在内的所有生物，它们的特征、寿命和生活都取决于自身所处的自然环境；虽然从表面上看，目前这个世界确实表现出了不变性，但这只是自然界平衡的结果，一旦这种平衡发生变化，物种不变理论的荒谬性马上就会显现出来。

● 对抗达尔文

　　上文中提到的这篇论文引起了极大的关注。本杰明·布罗迪爵士（Sir Benjamin Brodie）表示，他无法赞同达尔文的假说。人类的自我意识从本原上可以把我们与物质世界中的其他事物区别开来。人的这种能力等同于神的智慧，如果说该能力产生于物质，那么就得承认神的力量之源取决于物质排列。显然，这是一种荒谬的说法。

　　备受尊敬且学识渊博的牛津主教（Bishop of Oxford）认为，用归纳科学（inductive science）的原理稍加检验，达尔文理论就崩溃了。特定形态具有永久性，这个事实已得到所有观察的验证。在人类的早期遗迹中，比如埃及的地下墓穴，人们发现的所有动物、植物和人类遗骸都表明，它们的各种特征与现有种类相同，生物的各项特征不可改变，这是上天注定的。

　　当征询著名植物学家胡克博士（Dr. Hooker）对此的意见时，他表示自己的观点与达尔文的一致，并且认为牛津主教根本没有理解达尔文的理论。

由此看来，达尔文已把科学界拖入了一场无休止的争吵之中，要真正理解达尔文的观点并不容易。

1860 年 ● 行星的末日
🕐 10 月 OCTOBER

观测显示，每三年半环绕太阳一周的恩克彗星的公转周期在不断缩短，这说明它受到引力的作用，正向太阳靠近。根据这一事实难免得出一个概括性结论：行星在一种阻尼介质中移动，这种介质虽然比地球大气稀薄，但足以影响行星的运动。由此我们推断，行星会螺旋式趋近太阳，不过这会经过漫长的岁月。

译者注：恩克彗星是已知彗星中公转周期最短的一颗暗弱彗星，在1786年被首次观测到。恩克计算出了它的周期并发现其公转周期在缩短。目前人们认为影响行星运动的介质实际上并不存在，文中的推断没有充分依据。

1860 年 ● 神奇的古柯
🕐 12 月 DECEMBER

古柯是产自秘鲁的一种古柯属灌木。最近，一种古柯叶煎剂传入了欧洲，因其具有特殊的兴奋作用而受到很多人的关注。咀嚼适量的（4~6格令，1格令约等于0.0648克）古柯叶可使神经系统进入兴奋状态，使用者因而能经受极大的体能消耗，抵御不良气候的影响，还会产生愉悦感和幸福感。仅仅依靠一小袋古柯，玻利维亚和秘鲁的印第安人就能一次旅行4天而不吃任何食物。这真是一个申请专利药品的良机呀！

1861年 ● 铯
⏱4月 APRIL

通过新的光谱分析法，我们首先知道了太阳中存在有哪些物质；随后，通过该方法我们发现了地球上两种新的金属。一种金属因为吸收光谱的独特色彩而被命名为铯；另一种尚未命名（后来被命名为铷）。铯和钾在性质上比较相似，并且它们在地球上的含量都极少。

1861年 ● 可卡因提炼成功
⏱9月 SEPTEMBER

最近，德国化学家尼曼博士（Dr. Niemann）在研究古柯叶时，提取出了一种生物碱，他建议将这种生物碱命名为可卡因。纯的可卡因是一种呈棱柱状的无色晶体，属于碱性物质，味苦，放到舌头上会刺激唾液分泌，使人感觉冰冷。几位德国化学家和医生已经建议欧洲各国军队用古柯叶代替咖啡，以利用古柯那种广为人知的特性，在缺乏常规食物的情况下长时间维持士兵的生命力和体力。

1863年
1月 JANUARY
● 光线的奥秘

近年的科学发现赋予了人类探索自然的新力量。通过科学探索，人类揭示了大自然的奥秘——这些奥秘细微而精妙，远远超出哲学家的想象。当年艾萨克·牛顿爵士（Sir Isaac Newton）首次将一束光分开，证明其中包含几种颜色的光。而在不久以前，这个课题又升格成了一门专门的科学，名为"光谱分析"。促成其升格的，是两位德国教授基尔霍夫（Kirchoff）和本生（Bunsen）的伟大发现。基尔霍夫教授利用4个工艺精巧的棱镜，通过一架40倍望远镜观察了太阳光谱。他观察到了一系列模糊的带子和黑色的线条。结果，就像用显微镜第一次打开了微观世界一样，一片新的视野就此打开。通过对比分析这些黑色线条，人们揭示了太阳大气的化学成分。

1863年
3月 MARCH
● 埃及天文学

古埃及人竖起巨大金字塔的目的，一直是考古学家争论的话题。它们到底是帝王的陵墓、天文观测台，还是一台台日晷？它们是阻挡大漠飞沙的屏障，抑或仅仅是一座座粮仓？现在，埃及总督的天文学家马哈茂德·贝（Mahmoud Bey）提出了全新的解释。根据个人观察，他认为，古埃及人建造金字塔，是为了献给一位以天狼星作为其象征的神明。古埃及人相信，群星是无数神明的灵魂。这些神明以最高神拉（Ra）为首，其中天狼星代表审判死者的神明索提斯（Sothis）。因此，将作为陵墓的金字塔献给天狼星，应该说是完全合理的。

1863 年 ⏰5月 MAY ● 达尔文不是无神论者？

　　近年来，科学家和其他人对达尔文先生的《物种起源》（*The Origin of Species*）有颇多争论。他的这一著作遭到了英美两国大多数评论者的严厉批评，因为他们在其中看出了无神论的倾向。他们的这种看法不是来自于书中举出的事实，而是基于作者得出的结论。最近，英国皇家学会会员托马斯·亨利·赫胥黎（Thomas Henry Huxley）发表了6篇面向劳工的演讲。根据这些演讲判断，达尔文似乎是被大众误解了。这6次演讲的主题是探索物种起源，并讨论有机物中各种现象的成因。所谓有机物，就是指能够生长、具有生命和繁殖能力的东西。例如一枚植物的种子就是有机物，而一粒沙子则不是。一切有机体都始于一枚卵细胞或种子，而每一粒种子都是被特别创造出来的，具有特殊的功能和繁殖力，就像《圣经》（*The Scriptures*）里所写的那样。

1863 年 ⏰8月 AUGUST ● 日光之谜

　　如果太阳由煤组成，那么按目前的情况看，它就只能维持5,000年。太阳很有可能并不是一个燃烧的天体，而是一个炽热的天体。它的光芒是由炽热的熔融金属发出的，而非来自一个燃着熊熊大火的熔炉。然而在不损失热量或者没有新燃料补充的情况下，太阳不可能持续发热。假设太阳的持续热量来自落入其中的流星，假如我们又找到了能够证明有流星落入的证据，那么我们就可以从太阳系的质量大致推算出太阳已经持续发光了多长时间。这个时间长度应该在1亿年至4亿年之间。

译者注：后来人们发现，太阳发出的光和热来自于其内部的核聚变反应。

1863年 ● 新金属铟
🕐 10月 OCTOBER

最近，联合学院化学会召开会议，宣告新发现了一种金属。报告中说："自从德国化学家本生在1860年发明分光镜以来，科学家已经在分光镜的协助下发现了好几种新的化学元素。1863年夏，萨克森州弗赖贝格的冶炼厂生产的许多产品都被检测出含有少量的铊。费迪南德·赖希（Ferdinand Reich）和特奥多尔·里希特（Theodor Richter）在该工厂的实验室中分析了一些矿石，希望从中找到铊的来源。他们将矿石处理后放于分光镜下观察研究，结果并未发现铊的谱线；不过，他们却发现了一条全新的靛蓝色谱线。这条谱线不同于任何已知物质产生的光谱。赖希先生和里希特先生宣布这是一种新型元素，并将它命名为'铟'。"

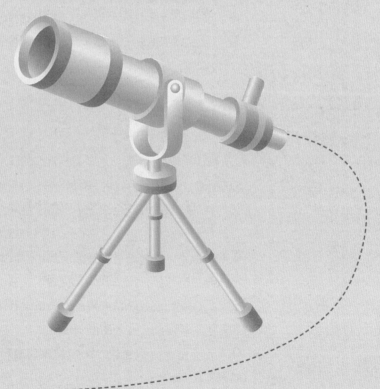

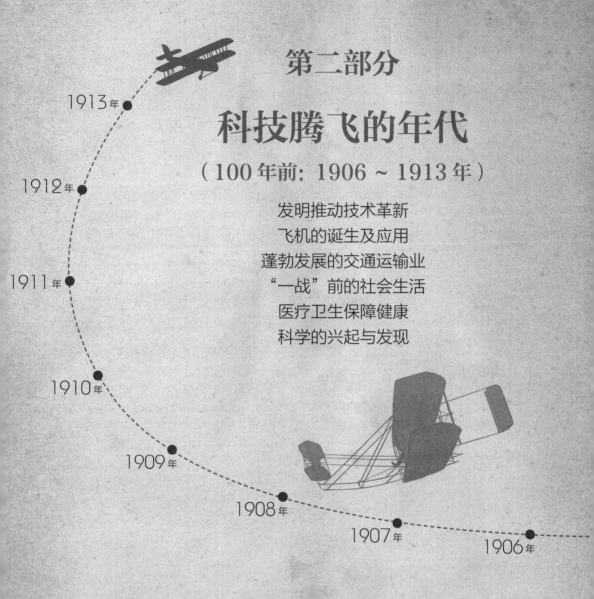

第二部分

科技腾飞的年代

（100年前：1906 ~ 1913年）

发明推动技术革新
飞机的诞生及应用
蓬勃发展的交通运输业
"一战"前的社会生活
医疗卫生保障健康
科学的兴起与发现

1913年
1912年
1911年
1910年
1909年
1908年
1907年
1906年

　　20世纪初，第二次科技革命即将完成。科学与技术相结合，成为生产力发展的直接动力，生产方式的电气化促成了一大批重要发明的出现。自然科学发生了突破性进展，科学研究的触角不断延伸，这为后续的技术发展埋下了伏笔。一扇新时代的大门正在等待着人们开启。

发明推动技术革新

1906年
12月 DECEMBER

深海步行者

说起最新奇的潜水设备，当数巴黎知名水道测量工程师德普鲁维（de Pluvy）的发明。这套潜水服由轻巧结实的金属薄片制成。各个关节和接合点由压实的皮革和橡胶制成。潜水者不像以往那样从外界获得空气，而是通过一条管子呼吸。这条管子连接着一个独特的氧气再生容器。在该容器中，装有一些能够产生氧气的化学物品。身着这套新型潜水服，德普鲁维成功下潜了300英尺（约91.4米）。

德普鲁维的潜水服打开了深海世界（1906年）。

1907 年 ● 新鲜空气
🕐 2 月 FEBRUARY

　　防烟面具、防烟外套以及自给自足的呼吸装置已经在各类矿井、消防系统、制冷工厂的液氨储藏室和其他工业领域中普遍应用。通过一个装满氧气的钢瓶，这种奇特的设备一次供应的人造空气，足够使用者呼吸4个小时。在南美一些偏远的采矿区，补充氧气尤其重要。不过一些货运公司拒绝办理氧气钢瓶的运输业务。但现在，一种名为"oxylithe"的新物质问世了。它被制成小块，以便随时使用——一旦与水接触，它就会释放出纯氧。

1907 年 ● 电话音乐
🕐 3 月 MARCH

　　卡希尔博士（Dr. Cahill）发明的"电传簧风琴"，能根据各种希望得到的音调的声振动产生出相应的电振动，再将电振动合成为需要得到的音调和和弦，然后通过电线传送到指定地点，最后利用电话听筒、扬声器等转换器材（在左图中，扬声器被装饰成吊挂植物），就能将合成的电振动转换成声音播放出来。

虚拟乐团：电子合成音乐通过装饰成悬挂植物的扬声器播放（1907年）。

1907 年
⏱ 7 月 JULY ● 彩色照片

巴黎的卢米埃尔兄弟——奥古斯特·卢米埃尔先生（Mr. Auguste Lumière）和路易·卢米埃尔先生（Mr. Louis Lumière）带来了彩色摄影方面的创新！卢米埃尔兄弟是法国首屈一指的摄影专家，他们在一台普通照相机中的一块干版上拍出彩色照片，曝光时间不超过一秒钟。这种特制的干版其实是一块上面覆盖着细小颗粒的玻璃板（马铃薯淀粉是制造彩色颗粒的绝佳材料）。这些颗粒共有三种颜色，充当着干版的色彩过滤器。彩色微粒层上面是一层防水清漆，再上面是一层溴化银凝胶感光乳剂，这种乳剂对所有的颜色都非常敏感。

编者注：在1935年柯达彩色胶片和1936年爱克发彩色胶片出现以前，利用奥托克罗姆微粒彩屏干版照相是拍摄彩色照片最普遍的方法。

1908 年
⏱ 5 月 MAY ● "毛虫" 拖拉机

过去几个月，英国军方测试了一种新型拖拉机，它能在凹凸不平的地面上运输重型机械。简单地讲，拖拉机的前后轮包裹着两条沉重的履带，履带外围上的众多凸起就像一连串的"脚"，让拖拉机能在坑洼的路面上缓慢爬行。由于行驶方式奇特，英国奥尔德肖特军事基地的士兵们很快就为它取了一个贴切的名字——"毛虫"。"毛虫"拖拉机的发明者是戴维·罗伯茨先生（Mr. David Roberts）。

编者注：卡特彼勒拖拉机公司的创始人之一本杰明·霍尔特，后来买下了这项发明的专利权。

在凹凸不平的路面上载重行驶的履带拖拉机（1908年）

1908年 ⏱9月 SEPTEMBER ● 巨型挖泥船

为了拓宽和加深埃及塞得港的苏伊士运河段，埃及政府近来为挖泥的船队扩充了一艘新船。这艘船名为"佩吕斯号"（Péluse），是目前最大的海上链斗式挖泥船，它是在洛布尼茨公司位于苏格兰克莱德河的伦弗鲁船坞中制造的，与两年前他们提供给运河公司使用的"托勒密号"（Ptolemée）的设计相似。"佩吕斯号"的甲板长305英尺（约93米），挖泥机的功率有600马力（约441.3千瓦），船上所有传动装置都装有机械切削齿。

清除淤泥：苏伊士运河上的巨型链斗式挖泥船（1908年）

1909 年 ● 阿斯曼气球
2月 FEBRUARY

用于气象观测的阿斯曼橡胶气球升上两万米高空，如今已经不是新鲜事了。在高空探测技术的改进中，最引人注目的是普鲁士皇家航空观测台负责人理查德·阿斯曼博士（Dr. Richard Assmann）的一项发明。以前，气象气球都是气体容积达500立方米的庞然大物。1901年，阿斯曼博士用薄橡胶片制成了一种小得多的气球，取代了原来的庞然大物。在充满氢气并密封完好后，这种小气球会持续上升，直至因内部气体膨胀而破裂。整套装置的总重量为2,450克，包括直径1,500毫米的气球、记录设备、吊篮和棉制降落伞。

1909 年 ● 语音锁
4月 APRIL

利用留声机原理，有人发明了一种语音安全锁——只有主人的声音才是开锁的"钥匙"。这种安全锁用一个类似电话话筒的传声筒代替门的球形把手，在筒里面还有一根普通的针，它会沿着留声机内滚筒上的声音刻槽滑动。在开锁前，主人要先对着蜡筒式留声机说出开锁密码。不过，报告中没有说明，当患了感冒的主人站在办公室门前会发生什么情况。

1909 年 ● 掘地能手
5月 MAY

如何在岩石中开凿隧道？如何在开凿时消除钻屑和粉尘以及危险的碎石？有关这些问题的新想法总是层出不穷。自1853年以来，已有至少69项与隧道挖掘机器相关的发明获得专利保护。下页图中所示的挖掘机制造于美国东部，现已被运到科罗

用于开凿坚硬岩石的隧道
挖掘机（1909年）

　　拉多州的乔治敦，准备投入使用。这台机器重达29吨，巨大的框架上固定有10个用于压碎岩石的巨型钻头。该机器的工作原理是研磨岩石而非切割它们。据称，即便每个钻头每次冲击只能深入一张纸的厚度，它每分钟也能前进1英寸（约2.5厘米）。

1909年 ●电视机原型
8月 AUGUST

　　因为在无线电话及电报领域的一系列发明，德国柏林的埃内斯特·吕默先生（Mr. Ernest Ruhmer）名噪一时。现在，他又成功完成了第一台或许可以真正解决图像远程传输难题的演示设备。在被送往比利时布鲁塞尔向明年世界博览会的组织者展示之前，笔者有幸仔细观察了这台新奇的设备。实际上，一台耗资仅125万美元，能精确地远程传输图像的完善设备，将成为明年世博会的主要看点。

1909 年 ● 地铁上的娱乐
🕐 10 月 OCTOBER

众所周知，将记录有间断性系列动作的胶片放在放映机或幻灯机前移动，观众就可以在屏幕上看到连续的影像——电影就是这样制作出来的。如果图片是静止的，而观众在移动，应该能产生同样的效果。一位天才发明家由此找到了一种方法，使无聊单调的地铁旅行变得有趣。他打算在地铁两侧装上连续图片，并用背景灯依次照亮它们。具体效果请看示意图。

给地铁乘客增添趣味的人工布景（1909 年）

1910 年 ● 信息解冻
🕐 12 月 DECEMBER

俄国政府发现，到目前为止，由于严冬的暴风雪，一年之中 2/3 的时间都无法与堪察加地区保持联系。但现在，在无线电报的帮助下，该地区也许全年都能与外界保持联系。政府已经建立了一系列基站，在这些孤立站点上执勤的工作人员也将得到特殊奖励。

1911 年 ● 发明家与农夫
🕐 2 月 FEBRUARY

在所有帝国发展史中，美国西部开发是最为华丽的一章：它从一个只有大片草原、沙漠和原始森林的地区，发展为世

界上最富饶、最广袤的农业帝国。这一迅速而彻底的蜕变，主要归功于精密且性能优越的农业机械的发明（如图所示）。机械工程师不仅一下子简化了工作，还提高了农田的产量。

科学影响农业：机械化大大提升了农业产量（1911年）。

1911 年 ● 建筑用混凝土
🕐 3 月 MARCH

约在15年前，人们就开始努力尝试将钢筋和混凝土组合在一起使用。通过这种方式生产出来的建筑材料不仅拥有极强的抗压能力，而且抗弯能力和抗拉伸能力也很强。经过大量实验，现代钢筋混凝土应运而生。这种混凝土不但可用于目前的各种砖石结构建筑中（如右图），现在还进入到一直以来人们认为只有用钢铁才能构造的建筑领域。

人们用钢筋混凝土在美国一座城市建造大桥（1911年）。

1911 年 ● 特斯拉涡轮
⏱ 9月 SEPTEMBER

尼古拉·特斯拉（Nikola Tesla）的名声无疑建立在他对刚刚创立的电气工程学的页献之上，但是——《科学美国人》的读者一定会对这一点感兴趣——特斯拉接受的训练和选择的职业却都是机械工程师。过去几年里，他一直把大量精力花费在热动力转化的改进上。他提出了一些理论，并做了一些实验，最终发明了一种前所未有的发动机。简单地说，特斯拉的蒸汽发动机构造如下：在一个轴上装有一组扁平钢制圆盘，它们能够转动并被罩在罩子中。启动时，蒸汽从圆盘边缘高速进入发动机，然后沿着螺旋形轨迹在圆盘间自由流动，最后由发动机中央的出气孔逸出。特斯拉利用流体的附着性和黏滞性（蒸汽被吸附在圆盘表面），将流动着的流体的动能传递给圆盘和轴杆。

编者注：这种钢制薄圆盘无法承受较高的温度和转速。碳纤维或陶瓷等新材料或许会让人对这种紧凑型设计重新产生兴趣。

1912 年 ● 混凝土方案
⏱ 1月 JANUARY

托马斯·爱迪生先生（Mr. Thomas Edison）想出了用混凝土建造家具的主意。这些家具将在他的混凝土住宅中使用，其优点是造价低廉。如今，爱迪生已经制作了家具样品——一个混凝土柜子，它的成本仅10美元。爱迪生先生解释说，这不会是柜子的市场价，他也不敢贸然报出它在商店里的售价，因为他还不知道中间商会谋取多大的利润。为了测试这件家具能否承受运输工人的野蛮操作，爱迪生不久前还将它在其原所在地和芝加哥之间运了个来回。

1912年 ● 机器代替人力
⏱2月 FEBRUARY

可以说，过去十年中，拖拉机的快速进步，比其他任何农业技术的发展都更有价值、更加重要。汽油拖拉机的问世，是农业向大范围的机械化生产迈出的第一步。此前，打谷机操作工都像是一成不变的工程师；现在有了多功能拖拉机，他们的职责也增加了。除了保养自己的机器，他们还要学会直线驾驶，避开坑洞障碍，还得确保机器始终运转，好为它的主人赚钱。出于这种需要，一种新的职业应运而生。那是更高级的工种，是农夫和工程师的结合，简明地说，就是"拖拉机师"。

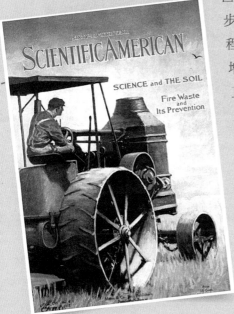

结合了农夫和工程师的新工种拉开了
机械化农业的帷幕（1912年）。

1912年 ● 无线电通信
⏱3月 MARCH

短短几年，美国海军的每一艘船只，包括运煤船、拖船和缉私船队（Revenue Cutter Service，即后来的海岸警卫队）的小艇，都配备了无线电设备。这些设备的一个重要职能，就是对执行公务的缉私船（即巡逻艇）实施部署。记录显示，"格雷沙姆号"（Gresham，见下页图片）已经挽救了60多人的生命，并将40多艘失控船只拖离危险海域。

在"格雷沙姆号"的无线电舱内,船员正监听着从布满礁石的新英格兰沿海传来的求救信号(1912年)。

1912 年 ● 垃圾再生
6月 JUNE

《一千零一夜》(*Arabian Night*)中最神奇的故事也比不上德国工业化学家(见左下图)对垃圾的处理。对这个德国人来说,一堆垃圾就是一座金矿。帕默斯顿勋爵(Lord Palmerston)说过:"垃圾只是放错地方的资源。"这个德国人的研究为这句话做了阐释。比如,他教会了我们如何利用高炉副产品。德国人在工业生产上的节俭可以从下面这个有意思的事例中体现出来,他们将铸铁厂里的大量烟道废渣压成砖状——那里面通常富含焦炭和铁矿石。

工业化学家正发奋工作,设法变废为宝(1912年)。

1912年
⏱8月 AUGUST
●硫矿发掘

　　在意大利西西里岛，硫磺生产所覆盖区域的面积大致相当于美国康涅狄格州。有35万名农民在这里的矿中工作，他们文化素质较低，普遍缺乏营养（见下图）。西西里的硫矿采掘方法原始落后，从罗马时代起就一直如此。在市场投机、高利贷及当地家族间不和的长期影响下，19世纪末西西里的工业逐渐衰落；人们在美国路易斯安那州的墨西哥湾沿岸平原地带意外发现了储量巨大的硫矿，使得西西里的采矿业更加举步维艰。自从赫尔曼·弗拉施（Herman Frasch）发明了将地下1,000英尺（约300米）的硫液化后，以液态的形式抽上地面的方法，硫的平均生产成本就下降到了每吨3.68美元，而西西里的平均采矿成本仍旧高达每吨12美元。

两个在劳动密集型产业工作的年轻矿工站在铸造成形的硫块上（1912年）。

1913年 ● 为后燃料时代做准备
◐ 4月 APRIL

　　全世界的煤矿再过几个世纪就会耗尽。届时，我们要从何处开发能源，来驱动工业之轮呢？答案就是利用自然。早在我们评估矿产储量、决定量入为出之前，科学梦想家们就已经在思考自然力能否为人类所用了。我们已经在广泛使用水力，也就是所谓的"白色煤炭"。潮汐和海浪为我们带来了一部分电力。发明家们正在开发未来使用的引擎，这些开发看起来非常有意思。本期封面（见下图）展示就是一部典型的装置（当时正在加利福尼亚州的威尼斯进行安装），它是从几百个专利中随机挑选出来的。

波浪发动机：旨在利用自然的未来派设计之一（1913年）。

1913年
5月 MAY ● 制鞋业

在其他行业，许多制造商已将大量资金投入在陈旧的机器，从而无力进行设备更新，过时的设备往往导致他们的生产成本很高。然而，联合制鞋公司却是一有创新，就要自己出资"报废"几百部机器。短短一年时间里，公司就撤换了不下4,000台机器，以便给最先进的新机器腾出空间。这就是大众能够买到消费得起的鞋子的原因。

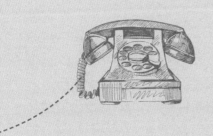

1913年
6月 JUNE ● 潜艇通信

美国海军启用了一种名叫"潜水艇小提琴"的装置，用来在潜水鱼雷艇与岸上的哨所或其他船只之间传递信号。这个装置根据小提琴的原理构建：潜水艇的一侧伸出两条金属杆，杆头上系一条拉紧的钢琴线，线和一只轮子的粗糙边缘接触。随着轮子转动，线上就会产生振动。振动的钢琴线可以发出点和线组成的普通的莫尔斯电码。在弗吉尼亚州的汉普顿锚地所做的实验证明，潜艇发出的振动能够清楚地传到5英里（约8千米）之外。

飞机的诞生及应用

1906年
1月 JANUARY

对莱特兄弟的怀疑

巴黎一家汽车报纸最近公布了一封莱特兄弟（Wright brothers）写给法国陆军上尉费伯（Capt. Ferber）的信，信中叙述的内容必须让莱特兄弟予以公开证明。如果一个如此令人激动而又极其重要的试验（飞机飞行），是在一个不太偏僻的城市（美国俄亥俄州的代顿）进行的，而且几乎每个人都对此抱有浓厚的兴趣，那么人们怎么能相信，都这么久了，那些有魄力的美国记者居然还没有打探出这件事情的内幕并且发布出来？众所周知，当前门被锁上时，有的记者可以不惜爬上15层的高楼，从烟囱里钻进去打探消息！在这个问题上我们肯定还需要了解更多信息。

编者注：莱特兄弟对他们的秘密试验简要地进行了说明，但公开飞行一直推迟到1908年8月。

莱特兄弟正在对他们的飞机进行测试。

1906年 ●莱特飞机
④4月 APRIL

奥维尔·莱特先生（Mr. Orville Wright）和威尔伯·莱特先生（Mr. Wilbur Wright）在最近发给美国航空俱乐部的声明（莱特兄弟在美国发布的第一份权威声明）中宣布，他们的动力驱动的载人飞机已经解决了机械飞行这一世纪性难题。在过去的三年里，他们对这一飞行器进行了反复测试和多次改进，目前已经完成了150次试飞，平均每次航程为1英里（约1.6千米）。10月5日的最后一次飞行航程达24.2英里（约38.95千米），超过了1904年中105次飞行的总航程。

● 莱特兄弟的发明认证

1905年11月我前往代顿，确认莱特兄弟签发给巴黎热爱飞行者俱乐部和纽约航空俱乐部的声明是绝对真实准确的。毫无疑问，我认为他们已经通过动力方式解决了载人飞行的难题。鉴于这一发明的经济价值，直到最近，莱特兄弟还尽力对此保密。

——奥克塔夫·夏尼特（Octave Chanute）

**环球科学
小词典**

夏尼特：旅居美国的法国航空试验家。他从19世纪70年代开始研究飞行器，并于1894年出版了《飞行器之进展》一书，整理了重要的航空发展史，并对飞行使用动力提出建议。也因为此书，莱特兄弟于1900年和夏尼特结为朋友。此前，夏尼特曾制造一架双翼滑翔机，对莱特兄弟影响极大。

发明认证：向相关专业组织发布声明是20世纪西方发明家提出专利申请的重要手段之一。在这一方面，莱特兄弟可算是成功的典范。经过专业人士对他们的发明进行检验后，他们于1906年获得了专利权。

1906年 8月 AUGUST ●飞行狂热

　　法国航空俱乐部设立的飞行大奖，大大推动了飞机行业的发展。下页图展示了布莱里奥（Blériot）和瓦赞（Voisin）在他们位于巴黎市郊的工厂里所制造的新型飞机，在昂吉安湖上空进行的首次试飞。但是由于在试飞中发现该飞机还有一些地方需要改进，这次只进行了一次短距离飞行。目前，在法国所有飞行器中，最为重要的可能要数桑托斯-杜蒙特（Santos-Dumont）的飞机了。这架飞机被命名为"双14号"（14bis），制造它主要是为了争夺奖金达1万美元的多伊奇-阿奇迪肯飞行大奖。

布莱里奥的飞机在法国亮相（1906年）。

1906年 ● 桑托斯-杜蒙特档案
11月 NOVEMBER

　　10月23日下午，桑托斯-杜蒙特驾驶着他的飞机，在距离地面20英尺（约6.1米）的空中飞行了150英尺（约45.7米）的距离。实验地点就在巴黎附近，包括法国航空俱乐部代表在内的一大群人见证了这一实验。据电讯称，飞行器具有良好的稳定性。无论如何，这都是动力驱动的载人飞机在多人见证下进行的首次飞行。如果将这一实验与莱特兄弟所宣称的成果对比，会发现一个惊人的事实：这个巴西青年发现，他的飞行器要飞上天的话，至少需要一个50马力（约36.8千瓦）的驱动装置；而莱特兄弟的飞行器，在重量上是该飞行器的两倍，发动机功率只有它的一半，但莱特兄弟宣称的飞行速度却将近巴西青年的两倍。

1906 年 ● 首次飞行
🕐 12 月 DECEMBER

　　美国俄亥俄州代顿的莱特兄弟将第一架能够成功飞行的飞行器推向了世界。这是一项划时代的发明，标志着人类在飞行技术上的巨大进步。莱特兄弟表现出的谦虚与朴素，在发明史上也无人可与之媲美。但因为对成功太过轻描淡写，而这样的成就又太过辉煌，以至于人们对其真实性产生了怀疑；而发明者拒绝让人登上飞机，并对构造细节保持缄默，这些加深了人们的怀疑。不过，《科学美国人》写信给17位据说见证过多次飞行的目击证人求证此事，并收到了这些声誉良好的当地人的回信，对这一成就的所有质疑就此烟消云散。可惜，国外的飞行界同仁没有认识到这些事实的重要意义，所以当桑托斯-杜蒙特近期驾驶着飞机在空中飞过100多英尺（1英尺约为0.3米）的距离时，他在欧洲赢得了第一次成功飞行的赞誉。

1907 年 ● 为竞技运动和战争而飞
🕐 1 月 JANUARY

　　随着机械飞机的飞行成功，现在我们可以适当地把兴趣从飞艇转移到飞机上了。飞机的用途将主要体现在军事上：在侦察勘测和部队的紧急调派方面，它具有不可估量的价值。不过，飞机的主要发展方向最终很可能是在竞技运动领域。在这一领域，它应该会像汽车一样大受欢迎。

1907 年 ● 悬赏飞行
⏱ 4 月 APRIL

　　尽管全美有许多发明家投身于航空研究，努力研制真正的动力飞行器（也就是重于空气的飞行器），但到目前为止，美国还没有进行过飞行器的公开飞行。最先进的重于空气的飞行器制造技术似乎掌握在两名年轻的试验家，莱特兄弟的手上，关于他们的报道已经铺天盖地。作为美国历史最为悠久的科学和工艺杂志，《科学美国人》应该带头鼓励创新发明。因此，杂志主办方决定设立一个奖项——科学美国人飞行大奖。该奖项奖金金额不菲，将用来奖励动力飞行器竞赛的优胜者。

1907 年 ● 飞行大奖
⏱ 9 月 SEPTEMBER

　　大约4年前，莱特兄弟在美国宣布，他们成功地将汽油发动机应用于飞机。尽管莱特兄弟和见证者们都说确有其事，但因莱特兄弟从未公开展示过，所以很多人还是对此表示怀疑。不管怎样，其他人也有可能在这方面取得突破，而且未来会有更多改良的重于空气的飞行器出现。因此，为了重奖对飞行行业做出贡献的发明家，科学美国人大奖现已颁给了美国航空俱乐部，用来纪念兰利飞行器——第一架飞行距离超过0.5英里（约0.8千米）的动力飞机模型。

1908年 ● 法尔芒的飞行
🕐 1月 JANUARY

1月13日，星期一，在法国航空俱乐部的官员见证下，亨利·法尔芒（Henri Farman）因首次驾驶重于空气的飞行器以封闭的环形飞行轨迹飞行了1千米而获得多伊奇–阿奇迪肯飞行大奖，奖金为5万法郎。尽管法尔芒再次完成了莱特兄弟两年前在法国创下纪录的环形飞行，但法尔芒发现，因为无法携带足够的燃料，他的飞行器在现阶段还无法承担长途飞行任务。而且，当风速达到20英里/小时（约32.19千米/小时）时，他不能证明飞行器逆风飞行是否安全，但莱特兄弟在1903年首次驾驶动力驱动的飞行器时，就做到了。

1908年 ● 飞行运动
🕐 2月 FEBRUARY

目前，人们热衷于飞机主要出于科学兴趣、竞技运动爱好和商业目的。但是，人们不需要拥有私人实验室或制造厂就可以上天飞行的时代快要到来了。飞行时在天空自由翱翔所带来的兴奋感，是划船、骑行或是赛车等类似运动无法比拟的。

——威尔伯·莱特

1908 年 ● "红翼号"首次试飞
⏱3月 MARCH

去年夏天，亚历山大·格雷厄姆·贝尔博士（Dr. Alexander Graham Bell）成立了航空试验协会。过去三个月，该组织一直忙于"红翼号"（Red Wing）飞机的制造与测试。这架飞机使用了柯蒂斯发动机，它的输出功率为40马力（约29.4千瓦），有8个气缸。弗雷德里克·沃克·鲍德温先生（Mr. Frederick Walker Baldwin）驾驶"红翼号"进行了首次试飞，测试方案听上去很不错，内容包括让飞机爬升到奔跑者头顶、在冰面上滑行等。由于气温回升导致试验地点——纽约哈蒙兹波特附近的丘卡湖冰面消融，测试本来有可能无法进行。然而，幸运的是，一场及时的寒流让测试得以继续。3月12日，在第一次测试中，该飞行器飞行了318英尺11英寸（约97.2米）。

1908 年 ● 秘密飞行
⏱5月 MAY

一收到莱特兄弟即将进行飞行试验的消息，很多报社的记者便涌向试验地点——位于美国北卡罗来纳海岸，弗吉尼亚诺福克以南高高凸起的沙丘。但是，莱特兄弟拒绝在附近有记者时进行飞行试验。媒体的记者只好藏在距试飞点1英里（约1.6千米）的地方，通过小型望远镜远距离观察飞行试验情况。

莱特兄弟的飞行（1908年）

1908年 ● 莱特兄弟的来稿
🕐 6月 JUNE

　　1908年春，我们与政府签订了合同，条款中要求的性能与我们在1905年进行的飞行试验有些差异。那一年的10月5日进行的飞行试验是最令人满意的，当时的飞行时速为每小时38英里（约61.2千米），飞行距离略远于24英里（约38.6千米），机上只有一名飞行员。但根据合同要求，我们此次要制造的飞机时速要达到每小时40英里（约64.4千米），能搭载两人，载油量可以支持125英里（约201.2千米）的航程。我们近期的实验目标是按合同要求检测飞机，并保证我们能够熟练使用安装在新飞机上的操纵杆。

——奥维尔·莱特和威尔伯·莱特

1908年 ● 柯蒂斯飞行
🕐 7月 JULY

　　7月4日，在纽约哈蒙兹波特，航空试验协会的第三架飞机"金甲虫"（June Bug）进行了飞行，以赢取科学美国人大

柯蒂斯获得科学美国人大奖（1908年7月4日）。

科学美国人飞行大奖奖杯（1908年）

奖。美国飞行俱乐部的成员和一些飞行爱好者见证了此次飞行。按规定，首场飞行比赛需要完成1千米的直线飞行。柯蒂斯先生（Mr. Curtiss）是第一位自愿挑战试飞的飞行员。根据规则，如果能完成飞行任务，他就是第一个赢取大奖的选手。第二次试飞的时间是晚上7点。飞机一起飞就迅速攀升，并在距地面20英尺（约6.1米）左右的高度高速飞行。接近终点时，飞机的高度下降到15英尺（约4.6米），然后继续向前，大幅度左转，在无损伤的情况下，降落在起伏不平的地面上。这次的飞行距离可能达到了1英里（约1.6千米）。最终，他试飞成功，赢得了我们的首个大奖，我们向他表示祝贺。

1908年 ●冲上云霄的莱特兄弟
🕐8月 AUGUST

　　鉴于威尔伯·莱特在法国进行了精彩的飞行表演，而且不久后在靠近华盛顿的迈尔斯堡，奥维尔·莱特也将进行飞行表演。因此在这期杂志中，我们很高兴地为读者呈现这架闻名世界的飞机的首张清晰照片。在此之前，莱特兄弟对飞机的情况一直严格保密。

威尔伯·莱特在法国勒芒驾驶的飞机（1908年）

1908 年 ● 空难事故
🕐 9 月 SEPTEMBER

在曾经发生过的灾难事件中，很少有比莱特飞机的突然坠毁更令人伤心难过的了。在这起事故中，年轻有为的陆军中尉托马斯·塞尔弗里奇（Lieut. Thomas Selfridge）丧生；天才发明家奥维尔·莱特在强烈撞击中身受重伤。尽管这次事故令人惋惜，但人们不应怀疑飞行技术。即便这起事故凸显了飞行的风险，但它不会动摇我们对飞行原理的信心，毕竟莱特兄弟基于这些原理制造出的飞机取得了如此辉煌的成就。

1908 年 ● "少女号" 飞机
🕐 12 月 DECEMBER

巴西著名飞机试验家桑托斯–杜蒙特再次向人们展示了一种小型飞机——上个春天，他曾驾驶这架飞机进行飞行试验。为了增强这架单翼机的横向稳定性，桑托斯–杜蒙特设计的飞机双翼带有微小的上反角，驾驶员座位和发动机位于双翼下3英尺（约0.91米）处，从而使得重心低于支撑线。飞机翼展仅为16.4英尺（约5米）。由于这架飞机体积较小［因此被桑托斯–杜蒙特命名为"少女号"（Demoiselle）］，桑托斯–杜蒙特仅用一辆汽车就把它从巴黎运到了圣西尔。

1909 年 ● 布莱里奥的成功
🕐 8 月 AUGUST

布莱里奥跨越英吉利海峡那次引人注目的飞行，已成为飞行史上值得永远纪念的里程碑事件。虽然此前还有距离更长的陆地上方的飞行，但没有人会因此小看这次伟大的飞行。清晨飞越英吉利海峡所面临的巨大风险、所需要的极大勇气，都决定了这是一次独一无二的飞行。同时，作为首次飞越英吉利海峡的飞行器，布莱里奥驾驶的这种单翼飞机的声望得到极大提升。

1910年 5月 MAY ● 飞行比赛

法国人路易·波扬（Louis Paulhan）是所有飞行员中最杰出的一位。他驾驶飞机飞上了1英里（约1.6千米）的高空并完成了从伦敦到曼彻斯特的飞行壮举。他的这次飞行，航程为186英里（约299千米），中途只停下来加过一次油，平均时速超过每小时40英里（约64千米）。通过这次飞行，他完成了与英国飞行员格雷厄姆·怀特（Grahame White）的飞行比赛——只有看过从大西洋彼岸用电报发来的一些比赛细节，我们才能完全明白上述两位飞行员之间的这场精彩比赛的重大意义。由于在比赛中的出色表现，波扬获得了50,000美元的奖金。这不仅是对他飞行技术的褒奖，也是对帮助他赢得这场比赛的法尔芒双翼飞机优异性能的肯定。

1910年 6月 JUNE ● 合法飞行

为支持莱特兄弟，黑兹尔法官（Judge Hazel）曾对柯蒂斯设置禁令，汉德法官（Judge Hand）也对波扬设置过类似禁令。但根据专利法早已确立的判例，巡回上诉法院解除了这些禁令。要知道，在莱特兄弟决定公开所有秘密，向世界展示他们秘密试飞过多次的飞行器之前，柯蒂斯就已经是一个成功的飞行员了。布莱里奥也是如此，在莱特兄弟进行公开的飞行表演前，他就曾大胆地试验过一段时间。令人吃惊的是，初级法院竟没能从这些事实中找到足够的证据冲突，来否决这些禁令的颁布。现在，巡回上诉法院撤销了初级法院的决定，美国航空业可以毫无阻碍地发展了。

● 刺激的比赛

飞行员查尔斯·基尼·汉密尔顿（Charles Keeney Hamilton）成功地完成了从纽约到费城的一次大胆、惊险的飞行。这次飞行由《纽约时报》（*The New York Times*）和《费城公共基石报》（*Philadelphia Public Ledger*）共同策划。汉密尔顿带着纽约市长盖纳（Gaynor）写给宾夕法尼亚州州长斯图尔特（Stuart）的信，按预定时间开始了飞行。在相当长的一段旅程中，汉密尔顿都在和一列专列比赛，但火车很难追上他驾驶的飞机。

飞机就是快：查尔斯·汉密尔顿驾驶的柯蒂斯双翼飞机和火车比赛（1910年）。

1910年 ⏱7月 JULY ● 优美的飞机

　　兰斯航空会议最重要的成果就是，确立了单翼飞机无可争议的优势地位。这一定会让法国人格外高兴。他们似乎已经认识到，尽管与双翼飞机坚固的桥式结构相比，单翼飞机本身较为脆弱，但如果这个固有缺陷能得到改进，这类飞机的优点其实很多：构造简单、头部阻力小、机身轻盈。单翼飞机的优势还在于，在外形和构造上，它与飞鸟是如此接近，简洁优美的轮廓具有艺术美感——对于极具审美情趣的法国人而言，这最终被看作一大优点而备受青睐。

1910年 ⏱10月 OCTOBER ● 竞速飞机

　　在一定程度上，对于未来主要以竞赛为目的而制造的飞机，我们可以去预测它的主要特性。过去一年里，飞机的直线飞行速度从每小时50英里（约80.5千米）提高到了75英里（约120.7千米）。如果按图中所示的那样设计，飞机的速度大概能达到什么程度？鉴于飞机悦目的外形，表面完全没有金属丝、支架和其他增加阻力的附件，再加上平滑的钢制表面，我们保守估计，这样的飞机时速能达到每小时100~125英里（约160~201千米）。

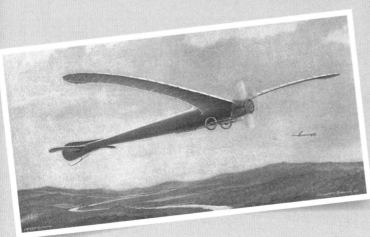

1910年构想的未来竞速飞机

1910年 ● 首位海军飞行员
🕐 11月 NOVEMBER

尤金·埃利（Eugene Ely）是史上第一个驾驶飞机从军舰甲板上起飞，并在岸上指定地点降落的飞行员。这次尝试让埃利和他的柯蒂斯双翼飞机正式被征用。如图所示，"伯明翰号"（Birmingham）船首建有一个平台。尽管风雨交加，埃利还是决定尝试飞行。在狂风间歇时，他启动了飞机引擎，但飞机一冲出平台就迅速下落，直至碰到水面溅起水花。这时，观众都以为飞行到此就已结束，没想到飞机再次爬升，在空中继续飞行。它径直飞向最近的降落点，并在那里安全着陆。

首次从美国海军军舰上起飞的飞行：尤金·埃利驾驶着他的柯蒂斯双翼飞机创造了历史（1910年）。

1911年 5月 MAY ● **质疑飞机**

飞机既是一架飞行器，也是一个死亡陷阱。相比同时代的其他伟大发明，飞机多少算是横空出世。它由一个中国式风筝、一个汽车发动机、一个餐馆用的风扇、一些气球舱、数只儿童自行车车轮和几个雪橇组成，这些组件由钢琴丝连在一起，并用胶带和巨型橡皮筋固定。当两个勤劳而又务实的修理天才（经过反复试验自学成长的工程师），证实了他们可以通过扭动帆布来平衡和操控飞机后，这种发源于"玩具王国"的飞行器最终得以进入工业、政治、军事和金融领域。现在，世界已经开始用审视的目光打量飞机这种功能强大，但又存在巨大安全隐患的机器了。

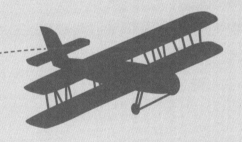

1911年 7月 JULY ● **航空邮件**

6月28日，巨轮"奥林匹克号"（Olympic）从纽约启航，首次向东航行。就在这一天，当这艘轮船通过纽约湾海峡时，飞行员汤姆·索普威思（Tom Sopwith）试着向甲板上投递一个邮件。他驾驶飞机下降到离船身不足200英尺（约60米）的高度，然后投下包裹。结果，下落的包裹偏离甲板几英尺（1英尺约0.3米），掉进了海里。尽管这次投递以失败告终，但还是说明用飞机运送邮件是有可能的。

1912年 1月 JANUARY ● 航空产业

第三届国际航空博览会于1911年12月16日至1912年1月2日在巴黎举办。值得注意的是，本届的展品和上几届相比，在风格上多少有些国际化了。参展飞机除了在结构上有了大幅改动之外，还有一些让飞行员和乘客更为舒适的改进。有了德国的"出租车"（taxicab）带头，全世界的车身制造厂商很快就会被召集起来，为飞机制造像汽车那样的封闭机身。

——斯坦利·耶尔·比奇（Stanley Yale Beach）

1912年 11月 NOVEMBER ● 会飞的船

不难理解，一片水域为什么可以作为理想的机场使用。飞机起飞时，飞行员不一定非要沿着固定路线滑行——不管怎样他都能迎风起飞。总之，在水上起飞、降落会更安全、更容易。这艘"会飞的船"有很多优点：浮力大，适航性不错，对飞行员也有保护作用。柯蒂斯"飞船"既能像所有同样大小的摩托艇一样在海面上开动马力飞驰或随海浪漂流，也可以像任何大小相仿的飞机一样飞向蓝天。因此，"会飞的船"结合了摩托艇和飞机的优点，它未来的发展无可限量。

——柯蒂斯

环球科学小词典

柯蒂斯：美国第一位驾驶自制水上飞机实现水面起飞并安全降落的飞行员。他既是美国航空先驱、著名的飞机设计师，也是柯蒂斯飞机与发动机公司的创始人。该公司是目前柯蒂斯-莱特公司的前身之一。

1912 年 ● 巴黎航空展
🕐12月 DECEMBER

今年的航空展中，飞行器的数量已经跃升到77架。下图中这架由阿斯特拉公司生产的飞行器配备了特殊装置，可以在水上飞行，而且大量运用了钢结构。老式莱特折翼系统和支承装置得以保留。飞行器可坐三人，配备了100马力（约74千瓦）的12气缸雷诺引擎，看起来相当实用。

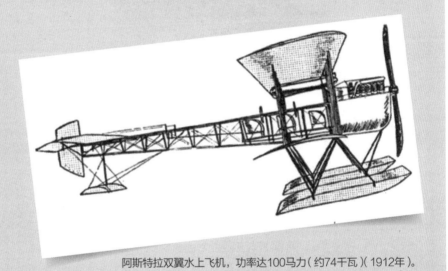

阿斯特拉双翼水上飞机，功率达100马力（约74千瓦）（1912年）。

1913 年 ● 飞机的稳定性
🕐2月 FEBRUARY

斯特凡·杰维茨基（Stefan Drzewiecki）的单翼机（见下页图）是最新的具有自动稳定性的飞行器，它曾在上一届巴黎展览会上展出。这是一架兰利式飞机，它的主要看点在于两面机翼角度相差3度，这样就会产生复原力来抗衡机身下

沉，使其龙骨保持水平。这部飞行器是依据埃菲尔空气动力
实验室所做的实验设计的。

稳定的飞机设计：波兰的天才发
明家杰维茨基最为人熟知的是他
设计的推进器、潜水艇以及这架
有趣的飞机（1913年）。

1913年 ● 降落伞故障
6月 JUNE

　　在可能致命的意外事故中，降落伞并不一定能提供绝对
的保护。在英国皇家航空学会于斯塔腾岛举行的飞行大会
中，阿瑟·拉帕姆（Arthur Lapham）的惊险遭遇就证明了这
一点。他当时背着一只史蒂文斯伞包［以降落伞先驱里奥·史
蒂文斯（Leo Stevens）的名字命名］，准备从一架莱特双翼飞
机中跃出，由距离地面1英里（约1.6千米）的高空下落。然
而，当飞机爬升到几百英尺（1英尺约为0.3米）的高度——有
目击者说是300英尺（约91米）——拉帕姆却滑下了座位，从
空中直冲下来。或许是因为下落过程太过短暂，他的降落伞
没有打开。幸运的是，拉帕姆掉在了王子湾附近的湿软盐沼
里，没有受伤。但他腋窝以下的部分全都陷进了泥里，必须
靠别人拉他才能脱身。

1913年 9月 SEPTEMBER ● 最大的飞机

　　法国巴黎的体育杂志《航空》（*Aero*）驻圣彼得堡通讯记者日前发回电报称，圣彼得堡的一名技校学生伊戈尔·西科尔斯基（Igor Sikorsky）制造出了可能是迄今为止最大的一架飞机。这架双翼飞机的翼展为27米，据说它搭载了7名乘客，在500米的高度上飞行了90千米，用时不到2小时。飞行途中，几名机师在驾驶舱内轮流掌控飞机，而乘客则像在公寓里一样来回走动。当然，对于这部飞行器的描述在法国引起了很多质疑。

编者注：西科尔斯基在1913年制造的"俄罗斯骑士"是世界上第一架四引擎飞机，它后来在同年的一次怪异的事故中被毁。

1913年 10月 OCTOBER ● 航空事业的进步

　　近日，由法国航空俱乐部组织的航空大会在法国兰斯的香槟机场举行。有7家厂商参与了这次大会，它们是宝玑（Breguet）、高德隆（Caudron）、古佩（Goupey，双翼机）、德培杜辛（Deperdussin）、莫拉纳-索尼埃（Morane-Saulnier）、纽波尔（Nieuport）和波尼耶（Ponnier，单翼机）。这些厂商充分展现了目前法国航空业已达到的精湛水平。本届国际航空杯，又名戈登·贝内杯的得主是莫里斯·普雷沃（Maurice Prévost），他以每小时200.803千米（124.8英里）的速度飞完了200千米。他驾驶的是一架德培杜辛单体壳飞机，配备了一台160马力（约117千瓦）的诺姆发动机。

获奖飞行器：德培杜辛飞机，配备160马力（约117千瓦）的诺姆发动机，创造了1913年的飞行速度纪录。

蓬勃发展的交通运输业

1906年

6月 JUNE

7 号机车

为满足郊区乘客出行、铁路沿线检查需要，太平洋联合铁路公司专门制造了一种最新汽油机车（如下图所示）。7号机车由太平洋联合铁路公司位于美国内布拉斯加州奥马哈的工厂建造，目前已经顺利完成在奥马哈和格兰德艾兰之间的一系列试行检测。该机车显著的设计特征有：圆形的舷窗式车窗、前部尖、终端逐渐变细窄的刀形边缘，以及方便的侧门。该机车为6缸驱动，标准汽油发动机安装在车厢前部。

太平洋联合铁路公司制造的7号机车（1906年）

1907年 ●汽车时尚
🕐1月 JANUARY

今年，汽车的外形大有改观，这主要得益于汽车轮距的大大加长。现在，某些重型车辆的轮距甚至达到了123英寸（约3.12米）。而且，6缸发动机的运用进一步增加了发动机罩的长度，使新型汽车的外观轻巧又靓丽。通过巧妙运用这些审美法则，即便是低马力和低价格的车型也有了别致的外观，这可是早期车型所不具备的。

SCIENTIFIC AMERICAN

AUTOMOBILE NUMBER

PRICE 10 CENTS

1907年1月的最新款汽车

1907年 ●"卢西塔尼亚号"

⏰8月 AUGUST

　　在克莱德河进行的初步速度测试中，尽管船底覆盖着很厚一层含有化学物质的淤泥，但配置了新型涡轮的"卢西塔尼亚号"（Lusitania）仍然轻松达到了25节（约46千米/小时）的行驶速度。这艘隶属于英国丘纳德轮船公司的邮轮构造新颖，由于其体型庞大而引起了人们极大的关注。全船采用双层底结构，双层底厚度达5英尺（约1.52米）。船上共有9层乘客舱，船体被分为175个独立的水密舱。如此坚固的构造让人们对"卢西塔尼亚号"充满信心：任何普通事故都无法使它沉没。

编者注：1915年，"卢西塔尼亚号"被德国潜水艇的一发鱼雷击中，18分钟后沉没。

1908年 ●汽车盗窃

⏰10月 OCTOBER

　　简易、防盗的新式汽车锁目前对车主极具吸引力，但奇怪的是，在某些汽车的标准配置中并不包括这类防盗装置。为了防盗，在一些城市，居民在停车后会把汽车的启动曲柄或火花塞拿走。然而，很多偷车贼都是来自工厂的"专业人士"：最近的几起盗车案中，盗窃者都自备了火花塞。

1909年
⏱3月
MARCH
●救援拖船

　　阿拉斯加的矿产资源被发现后，美国西北海岸，尤其是皮吉特湾的沿岸贸易迅速崛起。"巴伦西亚号"（Valencia）海难后，罗斯福总统（President Roosevelt）任命了一个委员会调查失事详情，并负责提出救助遇困乘客的方法。新救生船"斯诺霍米什号"（Snohomish）总长152英尺（约46米），船上最新颖有趣的装置是一种特殊的海上滑索，吊在绳索上的裤形救生圈可在两船间或船与岸间滑行，图中描绘的是利用它进行救援时的情景。

海上安全：缉私船队的新型救援拖船（1909年）

1909年 ● 冲上云霄
6月 JUNE

　　下面的图片向读者很好地展示了最新的齐柏林飞艇——"齐柏林 II 号"（Zeppelin II，也被称为LZ5）的基本构造。这艘飞艇最近刚创造了900英里（约1,450千米）左右的飞行纪录。它的主干是一个尾端为锥形的铝制桁架，带有17个充满氢气的独立气囊。飞艇的最大起飞重量为16吨。目前，在德国的几个大城市间建立常规飞艇航线的计划已经启动。

轻于空气的飞船："齐柏林II号"（1909年）

1909 年 ● 风车船
🕐 11 月 NOVEMBER

　　由风车驱动的船可谓一种机械奇物（见右下图）。但是，为什么这种用锥齿轮将推进器的轴和垂直的风车轴连接在一起的复杂结构，一定会比帆布船优越呢？我们实在想不出答案。

无帆帆船：一种过于复杂的设计（1909年）

1909 年 ● 会飞的火车
🕐 12 月 DECEMBER

　　一名德国工程师设计了一种新颖但极不可行的交通工具。它介于飞艇与电力火车之间，依靠气球的提升力支撑旅客车厢，用电力驱动在空中线缆上运行（见下页图）。飞船严格按照齐柏林飞艇的结构制造，由电动机驱动，空中速度可达每小时125英里（约200千米）。但这个方案实施起来在工程技术上和经济上都会遭遇困难。

齐柏林铁路：铁路和飞艇技术的结合（1909年）

1910年 ● 海浪与船只

1月 JANUARY

1月10日晚上，“海神”在绝望中开始了最后的反抗。在一片黑暗中，他抡起“巨掌”，重重拍向英国丘纳德轮船公司的邮轮“卢西塔尼亚号”，不仅将高于海面75英尺（约23米）的驾驶台和操舵室击成了碎片，还令艏楼甲板及其下方的甲板下陷了好几英寸（1英寸约为2.54厘米）。当巨浪撞击低矮的防护墙和操舵室时，每一扇结实的木质护窗都被击碎，窗框上的木条也被全部剥落。要知道，这些护窗都安装在高于海面75英尺（约23米）的地方。由此，我们倾向于赞同船长的意见：很多船只在海上失踪，可能是因为体型较小、不够结实而被这种规模的巨浪击碎甲板后卷入了海底。

● 完美汽车

与往年相比，今年两个汽车年展上的汽车并没有特别的新颖之处。这足以说明，就目前所能提供的制造材料和所能达到的机械设计水平而言，汽车已趋于完美。中端人群一直在等待技术先进、质优耐用、价格低廉的汽车上市，现在他们的需求终于得到满足，汽车产业也因此变得兴盛。

一向作为运输工具使用的汽车开始走进人们的生活（1910年）。

1910 年 ● 蒸汽时代
⏱ 2 月 FEBRUARY

　　一家德国报纸近期刊登的统计数据表明，帆船的数量在迅速减少。从1888年到1908年的20年间，帆船在各国商船中所占比例直线下滑：英国由44.1%下降到12.6%；德国由62.1%下降到19.1%；美国由80.7%下降到30.9%。只有在法国，帆船在商船中的比例变化不大，从47.9%下降到了47.2%。

1911 年 ● 爱迪生的电池
⏱ 1 月 JANUARY

　　电力蓄存对于驱动汽车和其他路面交通工具无疑具有很强的实用性。正是为了满足这种需要，爱迪生蓄电池得以问世。爱迪生先生关注了两种意见：在电工看来，作为一种电力设备，电池必须能有效运行，且具有合理的使用寿命，而且他们还很肯定地认为，与好马或火车头一样，车用电池也应受到同样的关注；而汽车司机的愿望很简单，那就是能开着汽车去自己想去的地方，并且去了之后还能开回来。这种让人们期待已久的蓄电池所具有的极高的实用性再次说明，爱迪生在发明过程中充分考虑了汽车用户的意见。

汽车问题：《科学美国人》针对正在兴起的汽车产业策划了一期专刊（1911年）。

1911年 8月 AUGUST ● 100万个伟大创意

没有典礼，没有仪式，也没有大吹大擂，美国历史上第100万个专利于1911年8月8日周二颁出。整个颁发过程平淡无奇，与这个场合的重要性完全不相符。当专利局的计数器走到999,999时，摆在最上面的一份专利申请恰好是俄亥俄州克利夫兰市的弗兰克·霍尔顿（Frank Halton）的。决定这份意义重大专利接受者的命运之轮眷顾了他。霍尔顿申请的专利是一种经过改进的充气汽车轮胎，他将对该轮胎享有独家生产和销售权。这个专利本身就是一座象征进步的丰碑，将第100万个专利授予汽车技术上的一项改进，无疑恰到好处。

1912年 3月 MARCH ● 比空气还轻

约瑟夫·布鲁克先生（Mr. Joseph Brucker）计划乘坐飞艇，从佛得角群岛出发，横穿大西洋后在巴巴多斯降落。这个计划最大的特点，在于它的商业化运作模式。布鲁克的飞艇"苏哈德号"（Suchard）经过了三次改装，以达到飞艇航行领域的最先进水平。从一开始，他就只信赖完善并经过多次实验的类型。因此在制造飞艇时，他将飞艇"帕瑟瓦尔"（Parseval）作为模仿对象。

编者注：布鲁克的计划并没有实现。

1912年 ●痛失"泰坦尼克号"
⏱4月 APRIL

　　1912年4月14日周六，夜空清朗，星光熠熠。在海上航行的最大、据说也是最安全的蒸汽船在预定航线撞上冰山，不出几个小时就沉入水下，船上1,600多名乘客葬身冰海。从技术角度看，这场巨大的灾难为我们留下了三个教训。首先，轮船建造师还无法造出绝不沉没的船只，或许永远也造不出。其次，既然所有船只都有可能沉没，那就至少应该带上足够数量的救生艇，这样一旦发生海难所有乘客都能搭乘，等到别的船只收到无线电求救信号赶到出事现场。第三，蒸汽客船的跨大西洋航线应该南移至浮冰绝迹的海域。

"泰坦尼克号"的末日：和一座冰山的侧面撞击在船壳板上划开了一道口子，贯穿数个水密舱（实际的"伤口"比图中所示的小得多）（1912年）。

1912年 6月 JUNE ● 液压减震器

不久前，乔治·威斯汀豪斯（George Westinghouse）成功完成了一项"不可能完成的任务"——制造出了汽车空气弹簧。一天，有几个人从纽约州的北部地区前来拜访他，并带来了一个他们设计且经过试验的发明。这几个人坦白地说，他们发明的装置还有缺陷，并征求威斯汀豪斯的意见。威斯汀豪斯曾对用于火车刹车的压缩空气做过大量研究工作。如果有谁能够想到办法，在缸筒内密封空气来代替汽车弹簧，那一定是威斯汀豪斯。威斯汀豪斯买下发明的控制权，着手改进。他用油液来密封空气，还发明了一架小型嵌入自动泵来控制油液，使其保持正确的位置。没过几个月，他的产品就投产面市，为1912年的销售季做准备。

1912年 7月 JULY ● 船只撞击

"泰坦尼克号"的沉没让我们所有人感到震惊和悲痛，许多人都在这场可怕的劫难中失去了朋友和熟人。我不禁自问："科学是否已经发展到了极限？这种生命和财产的损失令人痛心，难道就没有办法避免？已有数千艘船只在浓雾中撞上海岸后沉没，数百艘船只在和其他船只或冰山相撞后遇难，几乎每起事故造成的生命和财产损失都十分惨重。"在思索了4个小时之后，我终于想到可以让船只拥有"第六感"，这样船只在接近大型物体时就能及时侦测到它们。

——海勒姆·马克沁爵士（Sir Hiram Maxim）

编者注：马克沁的设想最终通过声呐技术得以实现。

1913年 ●关于汽车的遐想
1月 JANUARY

　　未来的汽车将和今天的汽车在外观上有显著区别，就像1913年的豪华轿车和1896年的单马双轮马车在外观上的显著区别一样。人类的代步工具将从以前的马车逐渐发展成完全封闭、隔绝灰尘、安静舒适的"未来轿车"，而今天的豪华轿车和鱼雷式旅游车，只不过是这个发展过程中的一环。从外形看，未来的轿车更像是一艘潜水船，而不是一辆四轮马车：它的车身呈长雪茄状，把轮子之外的一切部件都包裹在内。

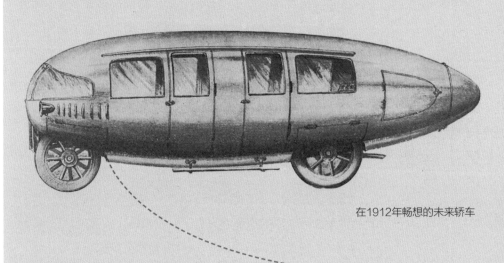

在1912年畅想的未来轿车

1913年 ●防盗汽车
3月 MARCH

　　据报道，美国华盛顿市的一位警察凭借在汽车失窃案件中的经验，发明了一种可以用在点火线路上的汽车安全锁。这种锁设计得十分巧妙，与点火线路融为一体。据悉，改进后的装置中包含一个旋转电气开关，它与一个机械锁装置相结合。只要插入的不是原配车钥匙，锁就无法开启。

1913 年 ● 火车的安全性
⏱ 9 月 SEPTEMBER

在最近的纽黑文铁路追尾事故中，从后方撞入的列车车头和车身将前方列车最后两节的木质卧铺车厢彻底劈成了两半，车厢残骸和无助的乘客被后方列车的车头生生挤到了左右两侧，二十多名乘客当场死亡。根据在同样严重的事故中钢质车厢的情况，可以找到大量的实际案例证明，如果这两节车厢是由钢材制成，那么车厢内的许多乘客就不会死亡，甚至人部分都有可能幸存。

1913 年 ● 自助加油机
⏱ 10 月 OCTOBER

自动售货机的好处人人皆知。受此启发，美国密歇根的一家公司推出了一款面向司机的自动加油机。需要加油的司机只需往投币口投入一枚五角硬币，将加油软管的末端插入油箱后转动曲柄，机器就会自动为车辆加油。不必去管理，这台机器每周就能自动售出200加仑（约757升）汽油。除了要向油箱中加油，这台机器无需看护，而且它全天都能"供货"，司机只要知道它的位置就能自助加油，不必大半夜叫醒加油站的工作人员帮忙了。

仅需五角硬币，不必麻烦工作人员就可加油的自助加油机（1913年）

"一战"前的社会生活

 ## 1906年
1月 JANUARY

撬盗保险箱

今天的保险箱偷盗者不再需要那些外形漂亮、精巧又强有力的工具了。那些工具曾经令保险箱制造商既赞叹又无奈。硝化甘油炸药的出现，不仅避免了繁重的体力劳动，而且再次使撬盗保险箱的技术领先于保险箱制造技术。然而，现代的盗贼通常与艺术感和整洁性不沾边。经常发生这样的事：当保险箱的门被突然炸开时，建筑物的前部也会被一起炸飞。即使是附近田地里鼾声阵阵的农夫，也会被美国国家农民银行及周边地区传来的爆炸声惊醒。

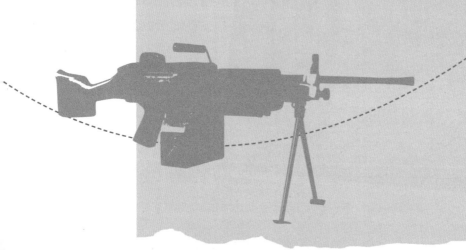

1906年 2月 FEBRUARY ● 快乐情人节

　　很少有人意识到每年2月14日赠送情人节礼物的惯例已经发展成为一个多么巨大的产业。情人节赠送礼物的主意似乎源自英国，而现在，全世界英语国家的人们都会这样做。尽管德国没有这个节日，但每年还是会向美国提供大量节日所需的卡片和小商品。最近几年，美国已经占据了情人节产业的主导地位。现在，美国不仅为自己的市场供货，还向世界各地大量出口情人节礼物。

1906年 3月 MARCH ● 战列舰时代

　　最近，"无畏号"（Dreadnought）战列舰在英国朴次茅斯下水。这是一个意义重大的事件，因为"无畏号"是一艘全新型舰艇，它把军舰制造技术带入了一个新时代。"无畏号"是迄今为止速度最快、防御能力最强、火力最猛的军舰。它在武器装备上的进步最为明显。日俄战争证实：10～12英寸（约254～305毫米）口径的炮弹拥有巨大的杀伤力，而小型火炮则在这样的远程作战方面几乎完全无效。因此6英寸（约152毫米）口径的火炮（副炮）已经被完全废除。

1906年
🕐 4月 APRIL
● 维苏威火山之灾

当前的这次火山喷发无疑是现代史上最为猛烈、最具毁灭性的一次。虽然熔岩流量并不惊人，但是火山砾和火山石的降落量却是前所未有的，仅这一个原因就造成了大量人员伤亡——人们因猛烈的火山爆发和昏黄的阴霾变得惊恐万分，纷纷聚拢在建筑物中，而随着降落物的渐渐堆积，很多建筑因不堪重负而倒塌。

**环球科学
小词典**

1906年4月7日，一直沉睡的意大利维苏威火山突然爆发，那不勒斯市被大量火山灰烬覆盖，一些屋顶因不堪承受重压而坍塌，数百人伤亡。下文中提到的那不勒斯的灾难，也是指这一事件。维苏威火山位于意大利境内，是世界上最著名的火山之一。它在历史上曾多次喷发，在公元79年的爆发中曾一举摧毁了举世闻名的庞贝城。距离现在最近的一次大规模喷发发生在1944年3月，造成26人死亡。

● 旧金山大地震

我们尚不清楚那不勒斯的灾难最糟糕的时候是否已经过去，而毁灭性的灾难就在上周横扫了旧金山及其邻近城市，这令我们十分震惊。此次地震摧毁了美国太平洋沿岸的最大城市。地震的剧烈程度在美国史无前例，它已造成千百人死亡，财产损失达上亿美元。地震几乎完全摧毁了城市的供水系统，而此时，旧金山正遭受火灾。

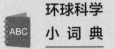

环球科学小词典

旧金山地震：1906年4月18日凌晨5点12分在旧金山发生的一次地震。地震在40秒之内将美国西部文化与经济之都旧金山夷为平地，造成6万余人死亡，直接经济损失达5亿美元。

● 动力旱冰鞋

　　因发明汽车引擎化油器而闻名的康斯坦丁尼（Constantini）近期在巴黎推出的新型动力旱冰鞋（见下图）以其新颖的设计而得到了大量关注。旱冰鞋皮带的后面固定着小型油箱。三名女运动员将穿着这种旱冰鞋进行一场比赛。比赛起点设在协和广场，终点在马约门。

在巴黎推出的动力
旱冰鞋（1906年）

1906 年 ●旧金山劫后
🕐 5 月 MAY

这种悲天悯地的凄惨场面恐怕在历史上都是绝无仅有的：20万旧金山难民衣不蔽体，无家可归，流离于郊外山上的圆形露天剧场，无助地看着这片被夷为平地的20多平方英里（约50多平方千米）的土地。这里曾经是他们自己深爱着的、美丽如画的西部之都，如今却已面目全非。现在不是用那些陈词滥调大肆进行道德宣教的时候，但我们认为，如果不提及震后来自联邦各州和各城市对灾区快速汇入的自发性捐助的话，那么对这一事件的记述将是不完整的。现在，从铁路系统到工厂、从教堂到剧院，各个行业的人都携起手来，有钱的出钱，有力的出力；各种物资和必需品正源源不断地涌入这个受到重创的城市。

1907 年 ●水中幻象
🕐 4 月 APRIL

"海的女儿"是一场富有浪漫主义风格的豪华歌剧演出，其中现在很出名的美人鱼场景，只有在纽约竞技场剧院的巨型水池中才能展现出来。美人鱼随心所欲地在水中嬉戏，时而浮出水面，时而潜入水底，很难说清这是幻觉还是特效，但这的确是真实存在的一幕。这一巧妙的表演得益于纽约市的鲍登（Bowdoin）根据钟形潜水器原理提出的创意。在竞技场剧院演出中，单人钟形潜水器得到了运用。每一台潜水器都配备了一名操作员，专门负责一部连接着气室的小型单人

美人鱼技术：水上歌剧的特效（1907年）

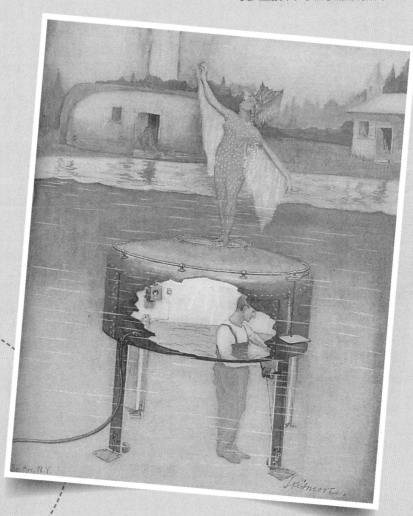

升降机的上升与下降。此外，这些操作员还会协助"美人鱼"
在表演结束后进入气室（见上图）。"美人鱼"们还会穿上一
套橡胶内衣御寒。

1907 年 ● 聋人学话
6 月 JUNE

近年来，人们已经开始认识到，听力丧失并不一定意味着说话能力也一并丧失。随着教育体制的更新，旧式手语字母现在已经鲜为人知，每个孩子都在学习如何利用发声器官自然发音。在为期 4～5 年的初级课程中他们几乎全部在学习语言和数字。

教授聋童识数（1907 年）

1907 年 ● 滚轴旱冰鞋
10 月 OCTOBER

滚轴旱冰鞋不能在凹凸不平的道路上使用，这是因为轮子直径太小，很容易被路上的小坑卡住。针对这一问题，一位瑞士发明家设计出了如右图及下页图所示的旱冰鞋。

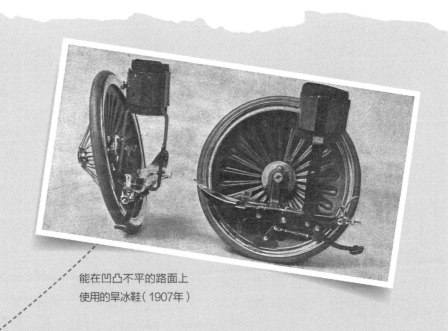

能在凹凸不平的路面上
使用的旱冰鞋（1907年）

1908年 ●安全隐患
○4月 APRIL

　　令人吃惊的是，不久前十字旋转门因为可能威胁到公众安全而引起了人们的强烈抗议。当谈及这个问题时，我们还是应该赞赏旋转门的独创性。在开关普通的合页门时，冷空气总会进入屋内，旋转门则成功地解决了这一问题。那么旋转门存在的安全隐患是什么呢？隐患就在于它的旋转隔间每次只容许一个人通过，如果发生紧急情况，很容易造成拥堵，导致人群难以在短时间内疏散。

1908年 ●盲人杂志
○5月 MAY

　　毋庸置疑，负责印刷《齐格勒盲人杂志》（*Ziegler Magazine for the Blind*）的工厂，是世界上最干净的印刷厂。原因很简单：这里不会用到铅字，也见不到任何一种油墨，当然编辑室除外。该杂志是月刊，在美国和加拿大境内发行，能阅读盲文的人都可以免费领取。印刷厂的排版室有两台机器，分别为纽约点字版（New York point edition）和布莱叶点字版（American Braille edition）制版。可惜的是，这两种点字法在美国都被广泛使用。

1908年 ● 节约日光
🕐 8月 AUGUST

提交至英国下议院的日光节约议案的确令人惊诧。这个意味着重大变革的议案，是由皇家天文学会的威廉·威利特（William Willett）提出的。他认为这个建议并不像人们想象中的那样不切实际。日光节约计划将安排在春秋季的部分时期和整个夏季实施。为了尽量将工作时间放在白天，整个国家的时钟都要向前拨。从商业角度看，这项议案将为使用煤气灯和其他人造光源的大客户节省1,500万美元；而对个人来说，这项议案最吸引人的地方在于人们白天将拥有更长的娱乐休闲时间。

1908年 ● 城市规划
🕐 12月 DECEMBER

被几条又宽又深的河流与大陆分离的狭长岛屿上，居住着200万人，每天还有更多的流动人口来往于大陆与岛屿之间——这使纽约的交通问题解决起来异常困难而且代价高昂。为了连通岛屿与大陆，过去10年里，美国政府和私人企业修建了至少14条隧道和3座世界上跨度最大的桥梁（见下页图）。

桥梁建设：连通海岛和居民的工程
（1908年）

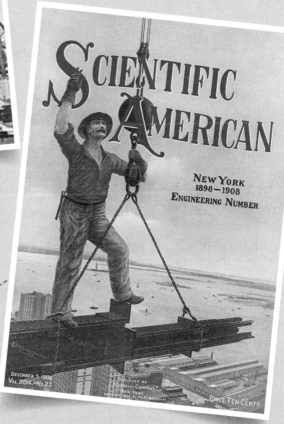

1909年 ● 枕木缺乏
1月 JANUARY

　　由于铁路枕木供不应求的问题日趋严重，美国圣菲铁路公司派遣其木材与枕木部经理前往亚洲和欧洲考察相关情况。这位经理了解到日本政府从300年前起就开始保护森林资源。由于目光长远，今天日本已成为美国和墨西哥的枕木供应商，而美国原本充足的木材供应却因长期浪费而消耗殆尽。现在，美国进口枕木要缴纳20%的关税，这正是为目光短浅所付出的代价。

1909年 6月 JUNE ●招聘作家

在美国上万家剧院和影院都开始放映电影了。随着这一崭新娱乐项目的迅速推广，公众的品味也发生了显著变化。以前，观众能看到工厂职员上下班、火车到站或离站等简单场景就感到心满意足。但今天，只有或多或少展现一些连贯的故事情节的电影才能让观众满意。因此，电影制作者不得不开始编写（或至少去构思）剧本，并在摄像机前按照剧本内容安排表演。

1909年 7月 JULY ●夜场赛事

最近，在辛辛那提人们成功完成了在夜间举办棒球比赛的尝试。为了照亮棒球场，赛场周围装上了强力探照灯。辛辛那提国家棒球联盟公园就是第一场夜间棒球比赛的赛场，这个赛场四周环绕着100英尺（约30米）高的钢塔，每个塔顶都装有两个大功率碳丝灯。14盏碳丝灯照亮了赛场的每个角落。这些灯的发明者是乔治·卡希尔（George Cahill）——一个热衷于改进棒球比赛设施的人。

编者注：美国职业棒球大联盟的第一场夜间比赛于1935年5月24日在辛辛那提举办。

1909年 9月 SEPTEMBER ●人口普查

每十年一次的美国人口数量统计是美国政府最大的工程之一。为了方便计数，美国人口普查局的机械专家詹姆斯·鲍尔斯先生（Mr. James Powers）发明了数据统计仪，以用于美国第十三次人口普查。该仪器在最近的古巴人口普查中进行了试用，结果非常成功，目前美国人口统计部门也开始使用。通过机械方式完成普查的统计工作需要用到两种仪器，而该计数系统的核心是穿孔卡片，上面载有人口调查员从全国每个角落挨家挨户收集到的数据。这些数据能反映美国各行业的性质、发展程度及财富总额。

1909年 ●灯泡骗局
🕐12月 DECEMBER

　　近来，英国科技期刊一直在提醒准备购买白炽灯的消费者谨防受骗。骗子们声称会给消费者安装金属灯丝灯泡，但实际安装的却是只能短暂使用的碳丝灯泡。这些灯泡刚装上的时候会发出耀眼的灯光，电流表测试还表明，灯泡的耗电量少，非常经济实惠。但过不了多久，灯泡就会变暗，亮度下降，很快就会完全报废。由于骗子们使用的是磨砂灯泡，消费者根本无法看出里面是否真的有金属灯丝。

1910年 ●空中威胁
🕐7月 JULY

　　随着飞行技术的迅速发展，如何对抗未来战争中飞行器将发挥的作用，已成为军方必须着重考虑的问题。1910年春

军用汽车：对抗早期空中威胁的武器（1910年）

天，美国西北军校购买了两辆1909年产的凯迪拉克30型汽车。这两辆拥有常规底盘的汽车可装载4名军校学员，发动机上方装有一台科尔特自动速射枪（参见上页图片）。枪的口径为0.3英寸（约7.62毫米），1分钟可以自动射击480次，射程达2,000码（约1,829米）。试验结果明确显示，迅猛的火力足以使这种军用汽车成为对抗飞艇和飞机的有力武器。

1911 年 ● 格林尼治时间
4月 APRIL

1911年2月10日，法国参议院通过了一项议案，使格林尼治时间在法国合法化。法律一旦生效，法国时间将比现在慢9分21秒。为了避免因更改航海图和航行指南而产生的费用，这项法律将不适用于法国海军或者海上商用船舰，而且天文年历也不太可能据此做出修改。目前法国的铁路标准时间比巴黎时间晚5分钟，火车站内的钟表也是据此进行校准的，而火车站外的时间则是以巴黎时间为准。这个容易让人混淆的计时体系将被废除，火车站内外的钟表都将以格林尼治时间为准，火车也会依据此时间运行。

1911 年 ● 水流和电力
8月 AUGUST

位于美国亚利桑那州南部的罗斯福大坝（见下页图）日前完工。大坝由超过35万立方码（约27万立方米）的石料堆砌而成，并由此形成了目前世界上最大的人工水库。在大坝建造过程中，光是公路一项就大约花费了30万美元。新公路保障了该地区的通行，同时也替代了已经淹没在人工湖底的旧公路。

为了实现储水、蓄洪和发电而建造的西
奥多·罗斯福大坝（1911年）。

1911 年 ● 冰雹的代价
🕐 10 月 OCTOBER

由于没有切实可行的办法来避免冰雹带来的毁灭性后果，
农民们不得不指望保险公司，以减轻个人因灾害而遭受的损
失。虽然迄今为止，冰雹险已经实行了上百年，但它的数据来
源却远谈不上可靠。对于冰雹灾害在时间和空间上的分布以及
它所造成的损失，相关统计数据应该有计划地逐年收集，但实
际上几乎没有一个国家做到。为了改进冰雹险的管理，使其惠
及世界各国，位于罗马的国际农业研究所在过去一年里已经采
取了初步行动。

● 空战

鉴于飞行技术在陆战和海战领域的迅速发展，我们必须
极为严肃地思考沿海及运河防御问题。过去，美国总喜欢吹
嘘自己在地理上相对隔绝的绝佳位置，吹嘘那些守卫港口的

作为陆战和海战武器的飞机（1911年）

铁甲怪物。但请设想一下：10年之后，假如每艘战列舰上都装备了飞行器，而来袭舰队已经行驶到了距纽约50英里（约80千米）外的海面。在这种情况下，他们需要先突破要塞，再摧毁都市吗？完全不必。他们只要派遣一个飞机编队就够了。通过无线电接受指挥官的命令，飞机编队一小时内就能出现在城市上空。然后用不了多久，城市里就会腾起团团烈焰。难以置信？或许是吧。

1911年 ● 有火柴吗？
🕐 11月 NOVEMBER

据估算，在全世界的文明国家里，每一分钟被划掉的火柴数量达300万根。虽然这些顶部覆盖硫磺的小小木棍看着不怎么起眼，但只要随便找一个吸烟者，让他想象一下，在没有火柴的年代，要用打火匣弄出一点火星有多么困难，他立刻就会明白火柴制造业的重要意义。

● 爱迪生论城市照明

我注意到，欧洲几个发达城市的照明还不能和纽约相比。柏林和巴黎的照明都很好，而柏林的路灯数量正在持续

增加，用不了多久就会远超巴黎。而且，柏林的夜生活发展也很快。我们会发现在那些用价格低廉的水力供电的欧洲城市，夜生活日益丰富，而且人们的夜生活和工业活动之间似乎也有关联。在那些电费低廉、照明充足的城市，人们都睡得比较晚，这似乎有助于缓解这些城市居民一向沉闷的生活状态。

——托马斯·爱迪生

1912年 ●维克斯机枪
2月 FEBRUARY

　　不久前，维克斯公司对目前常用的轻型全自动步枪口径的机枪做了改进，在它的基础上推出了一款新型武器。新产品一经问世，就以其更为强大的机动性和精妙的三脚架吸引了世人的目光。新武器在重量上也有显著下降，和重69磅（约31.3千克）的旧型号相比，新型号仅重36磅（约16.3千克）。重量的减轻是由于新机枪的各个部件都采用优质钢材，取代了炮铜。

编者注：在两年后打响的第一次世界大战中，这种新型水冷式机枪得到了广泛应用。

1912年 ●血液兴奋剂
⏱4月 APRIL

埃德温·雷·兰克斯特爵士（Sir Edwin Ray Lankester）已询问瑞典当局，是否会在本届由瑞典主办的奥林匹克运动会期间，允许马拉松选手携带氧气罐或氧气包参赛，并在那段超过26英里（约42千米）的痛苦难耐的比赛途中，时不时地吸上两口。"氧气并非药物，而是像水一样的天然补给，选手在中途补充氧气，就像饮用水和饮料一样自然，因为这个而将其禁赛，在道理上似乎说不过去。"身为声名显赫的科学家，埃德温爵士的这个提议极其不科学，并且也严重违反了运动精神。

1912年 ●蒙台梭利方法
⏱5月 MAY

我们还不清楚玛丽亚·蒙台梭利博士（Dr. Maria Montessori）的教育方法如此受大众欢迎的原因。到底是因为我们对自己的教育方法效果非常不满意，才对每一种新方法兴致盎然，还是因为我们拥有了过去教育改革领域的先辈们所没有的宣传手段？不管是什么原因，蒙台梭利博士都理应得到大家的关注。她是一位受过科学训练的女性，对人类充满爱心，有崇高的教育理想，还花了好多年创立了一套她认为对3～6岁幼童合理有效的教学法。她借鉴了许多在残障儿童教育中行之有效的方法，并应用到正常儿童身上，成效显著。

● "替罪羊"职业

现在，社会上出现了一批寻求稀奇古怪的生财之道的人。他们人数众多，男女都不少。其中有一些人是充当"替罪羊"；他们在一天之内数次"受雇"于一家百货商店，又数次遭到"解雇"。每当有牢骚满腹或傲慢自大的顾客投诉营业员服务不周，假扮成部门主管的"替罪羊"就被招进上司的办公室问责。她在愤怒的客人面前挨一顿批评，然后被勒令"走人"，投诉者见状也就满意地离开了。

1912年 ● 水下魔术
🕐 7月 JULY

说到著名的杂耍艺人，不得不提的是哈里·霍迪尼先生（Mr. Harry Houdini）。他善于在表演中运用手铐、束缚衣和其他控制精神病人和狂暴分子的工具，这种技艺令他声名远扬。1912年7月7日，周日，霍迪尼先生邀请了一批新闻界人士和魔术爱好者到纽约湾观赏他惊人的箱子魔术。他先是被装进箱子，然后被连人带箱扔进水里。1分10秒之后，霍迪尼从水中钻出，游向事先准备好的救生船。现场围观者有数千人，挤满了三条渡轮的甲板。

1912 年 ● 撒哈拉海
8 月 AUGUST

不久前，杰出科学家埃切瓜扬（Etchegoyen）的一个大胆建议在巴黎引起了轰动。埃切瓜扬宣称，法国应及早行动，将巨大的撒哈拉沙漠改造成一片内陆海。他表示："既然撒哈拉沙漠约有1/4的区域位于海平面以下，那么在非洲北部海岸挖掘一条长度50英里（约80千米）左右的运河，就能立刻形成一片撒哈拉海，大小大概可以达到地中海的一半。"这个计划一旦成功，目前在饥饿边缘苦苦挣扎的数百万人民，从此就能过上舒适的生活。除此之外，法国还将获得一块巨大的新殖民地。

1912 年 ● 战场医疗
9 月 SEPTEMBER

今年，巴黎军事政府的卫生部门一年一度的军演格外吸引人。这次演习的内容是建立汽车救援队伍，另外还要进行一项奇特的实验——训练军犬寻找伤员。演习中登场的新设备中，最引人注目的要数移动手术室了。有了它，外科手术就可以在战斗前线进行，手术条件和后方医院一样完善。在现代战争中十分常见的严重腹部伤，眼下还无法在常规的战地医院中得当地通过手术施治，而对许多伤员来说，转移就等于是判了死刑。

● 水泥巨人

　　迄今为止，已经有大量文章用优美的辞藻描写了洛拉多·塔夫脱先生（Mr. Lorado Taft）的美洲印第安人塑像（见下图）。由于这些文章的作者参与了这尊塑像的建造，因此人们提出，让作者用简单的术语来解释建造方法。这尊于1911年7月1日落成于伊利诺伊州的俄勒冈市的塑像，就作者所知，是第一尊水泥铸成的英雄塑像。自从包裹在外的石膏巨模于今年早春被去除之后，它就一直是公众观赏和评论的对象。

——约翰·普拉宗（John Prasuhn）

图中所示为一尊大型美洲印第安人水泥塑像的黏土模型，该塑像高48英尺（约15米），位于伊利诺伊州北部。该图为雕塑家的助手于1912年撰写的一篇文章的配图。

1912年 ●巴拿马运河
🕐 11月 NOVEMBER

　　征服巴拿马地峡是依靠和平力量取得的壮举，其成就之高、难度之大可与曾经靠战争取得的所有成果、克服的所有困难相媲美，我们这样说夸张吗？巴拿马运河将会提前一年竣工的事实说明，这个世界上最伟大工程的建设过程非常顺利。

　　编者注：巴拿马运河是在此文刊登近两年后开通的，时间是1914年8月15日。

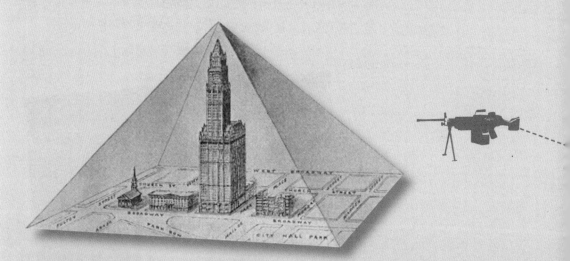

在巴拿马运河完工的两年前，仅仅从库莱布拉水道（巴拿马运河的主要挖掘点），就挖出了2,000万立方码（约1,529万立方米）的泥土和石块，足够修建一座比伍尔沃斯大厦（高约242米）还高的金字塔了（1912年）。

1912年 ●纽约中央车站
🕐 12月 DECEMBER

　　在全世界各大车站中，还没有哪座车站像这座一样，结构和功能结合得如此完美。纽约中央车站的外观给人以庄重优美之感。它为庞大的铁路系统打开了一扇通向这个国家最

伟大城市中心的贸易大门。面向四十二街的车站大楼以雄伟
的雕像冠顶，是一个了不起的建筑成就。

1913年 ●治理沼泽
5月 MAY

　　欧洲大部分地区都多多少少遭受过一场巨大的"烟祸"，
但现在，随着历史悠久的沼泽焚烧活动在德国日渐衰落，这
片烟雾也在迅速消散。高沼地的土壤由泥炭构成，是由苔藓
和其他植物部分腐烂之后形成的。在自然状态下，高沼地既
不适合农耕，也不适合放牧。今天，人们通过彻底抽水、翻
弄、混合底土等方法来永久地改造沼泽。相比之下，从前的
焚烧过程是对土地莫大的浪费。除了人烟稀少的边远地区，
这种方法在大多数地方都已不再使用了。

1913年 ●大战前夕
7月 JULY

　　德国已经在不同种类的飞
艇研发上投入了最多的时间、
财力和科研力量；法国则致力
于研发不同种类的军用飞机。
在飞行器以及受训飞行员素质
方面的相关对比显示出，法国
要远远领先于德国；对比结果

用于侦察的军用飞艇（1913年）

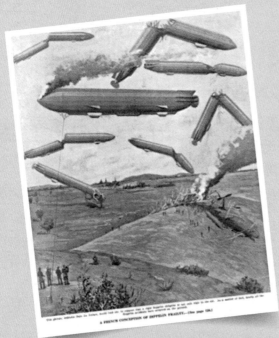

同样表明，法国的飞行器看上去比德国的更显纤弱，而在结构设计上要优于笨重的后者。不难看出，战争一旦打响，德国飞艇与法国飞机之间将展开一场较量——就像战列舰与鱼雷艇之间的对决一样。

空中战争：齐柏林飞艇令法国人恐惧（1913年）。实际上飞艇体积庞大，移动缓慢，船体易燃，非常容易受损。

1913年 ● 从敌对到战争
8月 AUGUST

最近一期的法国《自然》（*La Nature*）杂志刊登文章，对法德两国的空中实力对比做了审慎的估计。法国和德国一直是所谓"制空权"的竞争对手，因此，我们的读者无疑会对这篇法国时文的摘要产生兴趣。如果说这支法国空中舰队的真实状况还在保密之中，那么法军的作战计划就更不为外人所知了。法军的劣势明显，但法国为消除劣势所做的努力也同样显而易见。

译者注：法国《自然》杂志是1873年创刊的法国科普杂志，几经更名，于1972年与另一个法国科普杂志合并。

1913 年 ● 引水入城
🕐 12月 DECEMBER

新建的洛杉矶引水渠每天从内华达山脉，经过234英里（约376千米）的距离，向洛杉矶输送2.65亿加仑（约10亿升）的淡水。这座新建的引水渠于11月5日举行落成仪式并开放使用。我们在本周刊物的头条位置上登出了一张开闸放水时的照片。水流从距离洛杉矶市区西北25英里（约40千米）处的圣苏珊娜山脉中穿过，在隧道的出口下方形成了一道瀑布。设计这道瀑布一方面是为了美观，另一方面也是为了在空气流动中净化水质。

为洛杉矶引水：新建的引水渠首次开闸（1913年）。

医疗卫生保障健康

1906年
6月 JUNE

纯净食品议程

　　近期对西部食品加工厂卫生问题的披露，引起了美国总统罗斯福的关注，目前美国政府正在试图通过建立专门的检验制度来控制和解决此问题。作为政府年初农业预算案补充的贝弗里奇修正案建议，对供人食用的不合格产品的加工流程进行全面卫生检验。然而，人们并没有意识到这一提案仅涵盖了食品中的很小一部分。对牛、羊、猪（以罐装肉、加工肉制品和猪油为主）等肉类食品进行检验的法案内容，也应该适用于家禽、野禽、鱼类和蛋类等其他食品。

编者注：这一法案的提出受到了厄普顿·辛克莱1906年发表的作品《屠场》的重要影响。

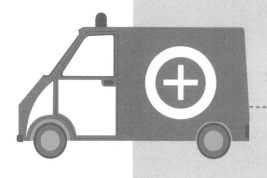

1907 年 ● 袋装牛奶
🕐 6 月 JUNE

　　牛奶是最容易被污染的食物，将它们装在反复使用的瓶子中供应给顾客是极其错误的做法。解决办法就是彻底放弃这种做法，改用一次性纸质包装。这种包装的牛奶现在已开始上市。最早出现在货架上的是一种造型简单的圆柱形纸瓶，这种纸瓶是在干净卫生的加工环境中，由新型云杉木纸制成的。安好瓶底以后，纸瓶会被放到热石蜡中浸泡。这种石蜡正是主妇们在为果冻保鲜时用来隔绝空气、湿气和灰尘的那种石蜡。

1907 年 ● 暴饮暴食
🕐 9 月 SEPTEMBER

　　在一个世纪以前的"酒鬼时代"，人们的饮食习惯是"豪饮"；而今，美国人的饮食特征是"狂吃"，尤其是狂吃肉类。这可以看作经济繁荣的产物。对此，奇滕登教授（Prof. Chittenden）和他的同事在耶鲁大学通过6年细致全面的实验，进行了一项极其重要的科学研究。他得出的结论是，这样的饮食标准实在太高了，只有将蛋白质摄入量至少降低一半，人们才会更健康，更有可能长寿，做事也会更有效率。

1908 年 ● 疗养温泉
🕐 4 月 APRIL

　　因为奥地利国有企业开发铀产品的关系，人们在波希米亚的约阿希姆斯塔尔（Joachimsthal）地区建立了一个实验室。该实验室用于提取铀矿物尾料和副产品中的放射性物质。此外，那里还将建成一家疗养温泉浴场，而达到理疗功效的，正是具有放射性的矿坑水。

1909 年 ● 蜗牛法
6 月 JUNE

经过仔细调查，法国农业部长确立了"蜗牛的法律地位"，认定蜗牛是对蔬菜有害的动物，因此不分时间和季节地捕捉和消灭它们都是合法的。这一决定使很多靠收集贩卖蜗牛为生的人感到恐慌。法国美食家对蜗牛向来情有独钟。在巴黎，这种软体动物的消费量尤为巨大——仅在1900年冬天，巴黎人就吃掉了800多吨的蜗牛。

1909 年 ● 消化
7 月 JULY

我们准备了一幅版画，用来演示各类食物的易消化程度。画面上显示，烤苹果和鸡蛋最接近终点，鱼紧跟鸡蛋之后，再后面就是鹿肉。这几种食品都可在1个小时内被消化掉。为这场消化的赛程完美收尾的是猪肉和小牛肉，即便在最适宜的条件下，我们的消化系统也需要5个小时才能把它们分解掉。不过，还有比赛超时的食物——果酱、螃蟹和各种酒精类饮料都需要6个小时以上的时间才能被完全消化。

食物在人体中赛跑的漫画（1909年）

1909年

🕐 **11月**
NOVEMBER

● 钩虫

约翰·戴维森·洛克菲勒（John Davison Rockefeller）捐助的100万美元将对根除"钩虫"大有帮助。1903年，洛克菲勒委员会的查尔斯·沃德尔·斯泰尔斯博士（Dr. Charles Wardell Stiles）确定了这种虫子的类别。土壤污染被认为是钩虫生存和传播的主要原因。只要使用麝香草酚和泻盐治疗，就可从人体中清除钩虫，大多数病人可在几天内康复。钩虫疾病的主要症状是显著的贫血，同时还会伴有消瘦和极度体虚。该病的其他症状包括无精打采、精神萎靡和反应迟钝。这种疾病的学名为"钩虫病"，其致病原因直到19世纪中期才为人所知。

● 冰交易

目前，法国所用的冰有3/4都是人造的。15年前，法国仍然需要从挪威购买大量冰块，经法国城市迪耶普运至巴黎。这种交易现已停止，只有法国沿海城市还在使用挪威的冰。法国每年为制冷而耗用的冰达20万吨，其中15万吨是人造冰。天然冰不够卫生，因为大多数微生物都能在 $-60°F \sim -170°F$（约 $-50°C \sim -110°C$）的温度下存活。在巴黎健康委员会的呼吁下，塞纳省颁布了相关条例，天然冰被限制在工业领域使用，并规定只有用无菌水或城市水管里的水制造的人造冰才能被食用。

螃蟹

果酱

1910年
⏱3月 MARCH
● 体温监测

对于医生而言，病人血液的温度变化是至关重要的信息。目前的监测方法是，间隔特定时间（比如每天3~4次）用灵敏的温度计测量一次病人体温。很明显，这种方法不能反映病人在测量间隔期内的体温变化，而这些信息有时非常有用。最近，德国柏林的一家仪器公司改进了一种装置，通过它可以持续地自动记录病人的体温。

体温：持续的电子监控（1910年）

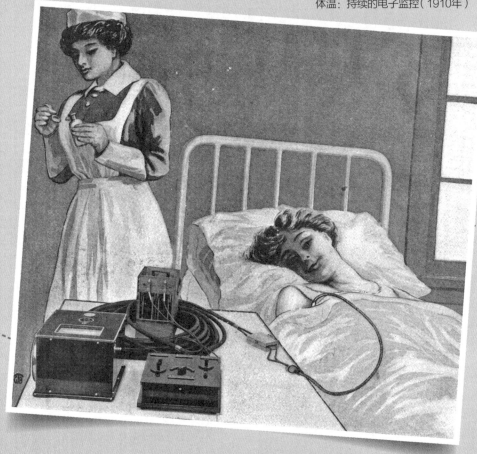

1910 年 ● 消毒难题
⏱4月 APRIL

　　德国波茨坦铁路工厂面临一个大难题：如何给列车消毒。从俄罗斯返回的列车车厢似乎聚集着大量害虫，即使经过彻底清洗，车厢壁和挂帘上仍可能藏有活着的病菌。不过，这个难题似乎已被成功解决：消毒装置为长约72英尺（约22米）的圆柱形铁泵。即便在最寒冷的天气，蒸汽管道仍可将铁泵加热到140℉（约60℃）。随后，铁泵就会喷出用于消毒的蒸汽。由蒸汽带来的全部水分都会蒸发掉，车上部件也不会因为过热而受损。

1910 年 ● 治疗
⏱6月 JUNE

　　研究发现，几乎所有矿泉水都有放射性。通过对放射功效的探查，人们很自然地想到，可以通过人为控制泉水的放射性的方法使非活性泉水具有疗效，或者使天然泉水的功效增强。在德国克罗伊茨纳赫市，盐政管理委员会已经开始大规模地在泉水中添加不同剂量的放射性物质。利用天然泉水中的放射性物质人为处理过的饮用水与洗浴用水，已经在该市生产和销售。现在要对"镭水疗法"（radium-water cure）做出明确评价还为时尚早，但它无疑是现代医疗技术的一个有益补充。

1910年 ● 饮水喷泉
🕐9月 SEPTEMBER

　　一种干净卫生、适用于学校和其他公共场所的饮水喷泉现已问世。如下图所示，一组可以弯曲成任意装饰造型的水管将饮用水喷向一个聚集点。在这个点上，饮用水受到多股喷流的挤压，会产生一股向上的喷泉状水流。水流能够射到一定高度，使饮水者可直接用嘴饮用，而没用过的水就会流回到喷泉底部。

饮水喷泉：至少它是卫生的（1910年）。

1911 年 ● 老鼠和人类
2月 FEBRUARY

　　1905年，瘟疫调查委员会奉命调查印度瘟疫，并很快注意到了鼠疫与人类瘟疫之间的关系。经过充分调查人们发现，黑死病的每一次暴发都与鼠疫有着千丝万缕的联系——老鼠中鼠疫的流行，一般发生在人类瘟疫暴发前的10～14天。在印度孟买，老鼠数量极为庞大。褐鼠（褐色或灰色的老鼠）集聚在城市下水道、水沟和公共厕所里，无数黑鼠（黑色的老鼠）则定居在人们的家中——几乎可以把它们看成是"家畜"了。

1911 年 ● 苦涩的消息
5月 MAY

　　作为一种经济实惠的增甜剂，糖精已用于三十多种食物，现在这种化学物质将被禁用。罐装的玉米、豌豆和西红柿，以及菠契汽水、淇淋苏打水等软饮料，还有香槟酒和烈性酒，都在使用糖精来增甜。但在7月1日之后，使用糖精将被视为违法行为。美国农业部首席化学家威利博士（Dr. Wiley）称，这种很有效的糖类替代物会削弱人们的消化能力，应该只能通过医生的处方获取。

1911 年 ● 优生学
6月 JUNE

　　自从弗朗西斯·高尔顿爵士（Sir Francis Galton）为我们带来了优生学——说得直白点，就是"优化生育"的学问，人类学家、各家精神病院和医院的负责人，以及全世界的犯罪学家就一直在收集数据。这些数据表明，容许罪犯、精神病患者和身体不健全者结婚不仅危险，而且会对全人类造成影响。在这类宣传教育工作中会不可避免地遇到偏见。幸运的是，各国优生协会已经做了大量工作，以消除这种普遍存在的偏见，并为今后的立法奠定了基础。

1911 年 7 月 JULY

● 癌症的根源

人类首次对癌症进行实验研究距今还不到十年。因此，在正确、清楚地认识癌症的这条道路上，我们现在才算刚刚启程。虽然现代实验研究还未能揭示癌症的病因，但它已表明，癌症问题和细胞生长问题有密切关联，这为未来的研究指明了方向。至于癌症是否由微生物引起，或是我们是否应从细胞本身的性质和功能中去寻找癌症根源，眼下尚无定论。

● 猫肉充数？

在法国巴黎，蜗牛正在热销，但在这些蜗牛身上只有壳是真的。据说这些伪造的蜗牛肉足以乱真，让许多美食家都吃得赞不绝口。蜗牛壳可能是从清洁工和拾荒者手里买来的，加工厂将它们洗净后填入牲畜肺脏或猫肉。这些柔软的肉块由一种设计巧妙的机器切成螺旋状，以便塞进壳里。接下来，厂家再用液体脂肪封住这些"容器"的口，这些"食用蜗牛"就可上市销售了。这个秘密后来终究没能守住：一名男子在蜗牛加工厂上班时，被切割"蜗牛肉"的机器切断了一根手指，他将雇主告上法庭，要求赔偿损失。就这样，真相暴露了。

1911 年 ● 牛奶消毒
🕐 10 月 OCTOBER

我们最近在一份每日领事报告上读到了驻阿姆斯特丹领事马欣（Mahin）的一则照会，其中援引了一份当地期刊对紫外线杀菌作用的描述，还提到汞白炽灯可大量产生这种光线。有了它，人们就能在短短几分钟之内完成对牛奶的消毒。目前已经有人设计出了一台装置，使牛奶呈细流状流经一盏电灯。据说这些牛奶在几分钟之内就完成了消毒，温度却没有显著上升。

1911 年 ● 咀嚼研究
🕐 12 月 DECEMBER

为确定上下颌的平均咬合力，美国芝加哥牙科大学校长布莱克（Black）发明了一种结构简单，却能精确测试上下颌力量的装置——颌力计。布莱克用这个装置测量了1,000个人的咬合力，结果显示臼齿的平均咬合力为171磅（约77千克），而双尖齿和门齿的咬合力却要小得多。布莱克的受试者包括社会各阶层，不限性别，其中有铁匠，也有洗衣工。

1912 年 ● 人工波浪池
⏱7月 JULY

在去年德累斯顿举行的国际卫生博览会上，最吸引人的大概莫过于翁多萨（Undosa）的那个人工波浪浴池了。浴票（每张约6美分）的销售收入出人意料地高，有时一天就达到450美元。显然，这个人工波浪池或将成为一个既利润丰厚，又对社会有益的设施。所有人都可以从流水的按摩中受益。

1913 年 ● 人工肾脏
⏱9月 SEPTEMBER

不久前，国际医学大会在伦敦召开，伦敦《泰晤士报》（*The Times*）做了如下报道："来自巴尔的摩的约翰·雅各布·阿贝尔教授（Prof. John Jacob Abel）的一次演示激起了人们极大的兴趣。阿贝尔教授发明了一种全新的巧妙方法来去除血液循环中的杂质，这一发明对一些极为复杂问题的研究肯定有所裨益。阿贝尔将一根玻璃管连接到被麻醉动物的主动脉上，动物的血液流经几根火棉管，最后通过另一根玻璃管流回静脉。所有随血液在体内循环的物质都会从火棉层通过，这样，阿贝尔教授就造出了一个相当于人工肾脏的装置。"

科学的兴起与发现

1906年
2月 FEBRUARY

白垩纪生物

下面的插图描绘的是两头巨大的爬行动物正在争夺霸主地位的情景。图中的动物是伤龙，一种比暴龙出现的时间要早，体形也比暴龙小很多的恐龙，其生活习性和外形很有可能和暴龙差不多。虽然我们不认为这种动物能像插图上呈现的那样敏捷——在数以千计的伤龙脚印中，没有一个可以证明它具有这样的特性——但我们相信对它外形的复原还是很准确的。根据查尔斯·罗伯特·奈特先生（Mr. Charles Robert Knight）的复原工作所绘制的图片为位于纽约的美国自然历史博物馆中陈列的古生物标本做了很好的补充。

根据查尔斯·奈特的复原工作所绘制
的动态恐龙（1906年）

● 扩张的宇宙

完整的天穹照片表明，宇宙中大约有一亿颗恒星，但它们可能被人们忽视了。根据数学家们的了解，宇宙中存在的物质足以构成320亿颗和我们的太阳质量一样的恒星。这一点可以用这些恒星的高周转率来证明。以可见形态存在的恒星只占极小的一部分，其余的又是什么呢？是死去的恒星、行星，或是卫星？有没有可能，数十亿颗能量耗尽的恒星正在太空的某些角落游荡？它们是否都被死去的行星环绕着，仍旧保持旋转，度过没有生命也没有意义的岁月？

1906年
⏱7月 JULY
● 放射性火炉

以前，地球被认为是一个表面包裹了一层厚度不确定的固体外壳的液态或半液态巨型球体。现在，我们则认为地球就是一个固态球体。既然我们否认熔岩储层来自地球中心的熔融物质（因为如果是这样的话，熔岩储层早在几百万年前就应该凝固了），那么接下来就该弄清，岩浆内部的热量从何而来。克拉伦斯·爱德华·达顿少校（Major Clarence Edward Dutton）认为，热量应该是在熔融的岩浆内部或者周围产生的。地球含有镭或其他放射性矿物质，这一点已被大家认可。科学家们的计算虽然不够精确，但足以证明，由地面以下的镭所产生的热量大部分保留在地球内部，仅有少部分辐射到宇宙中。

1906 年 ● 爪哇的死胡同
🕐 8 月 AUGUST

　　几年前，欧仁·迪布瓦（Eugène Dubois）在爪哇岛发现了一些史前动物的遗骸。这些动物或许可以弥补人的祖先和猴之间存在的所谓缺失的一环。尤利乌斯·科尔曼（Julius Kollman）则更倾向于这种观点：不应在身材高大、头骨扁平的类人猿中寻找人类的直系祖先，而应该在进化树上回溯到更原始的动物，在那些头骨突出，体型更小的猴中寻找；他认为，在早期人类中，具有突出头骨的小矮人就是由此进化而来的。这也许可以解释为什么神话和民间传说中总会提到小矮人。

1907 年 ● 古巴比伦
🕐 3 月 MARCH

　　在命运之手将巴比伦推向没落之前，尼普尔肯定是个非常令人向往的住处。那里的"图书馆"藏有25,000本当时书写在泥板上的书籍和文件。美国宾夕法尼亚大学的艾伯特·托拜厄斯·克莱教授（Prof. Albert Tobias Clay）已经成功破译了很多重要的泥板文书。从这些泥板的内容来看，生活在公元前1400年的尼普尔居民，恐怕是最早悲叹"税收猛于虎"的人，因为很多文件都是租金或者缴税的收据。当时，他们并不是用货币交税，而是用农产品及农副产品，诸如玉米、芝麻、油、椰枣、面粉或者牲畜交税。

译者注：尼普尔，位于巴比伦东南部的古城，原临幼发拉底河，是苏美尔人时期的重要宗教中心。

●胚种论

现已证实，超低温不会对任何微生物造成伤害。低温同时会减缓由光引起的光化学变化速率，以及脱水速率。由此，我们或许可以得出以下结论：星际空间的低温保护使得活着的微生物有可能从一个行星系转移到另一个行星系。因此自然发生学说是多余的，因为通过光压驱动细小的微生物，生命会从一个天体被传送到另一个天体。这一点也让我相信，宇宙中的全部有机体都彼此关联，所有进化过程都是相同的。

——斯万特·阿伦尼乌斯教授（Prof. Svante Arrhenius）

1907年 5月 MAY ●恐龙

位于纽约的美国自然历史博物馆古脊椎动物部的负责人亨利·奥斯本教授（Prof. Henry Osborn）近期为科学做出了卓越的贡献：他让公众有机会看到一种来自得克萨斯的二叠纪时期食肉爬行类基龙属动物的化石骨架，这是世界上第一具也是唯一一具拼装完整的恐龙化石。在图中，查尔斯·罗伯特·奈特先生对恐龙栩栩如生的描绘十分夺人眼球。

——沃尔特·比斯利（Walter Beasley）

编者按：博物馆展出的这个化石骨架只是基龙和异齿龙的错误拼凑。

根据展出的化石骨架绘制的恐龙（1907年）

1907年 ● 火星人
7月 JULY

　　如果像洛厄尔教授（Prof. Lowell）主张的那样，火星上存在植被，那么我们就该立刻开始考虑在这颗行星上有可能存在动物，因为植物是动物存在的前提。人们已经在火星上发现了运河和绿洲，这正是一个星球存在生命的重要特征之一。缺水是运河出现的关键因素。在火星上，可利用的水源只有两极地区为期半年的融雪。如果火星上确有智能生物，他们就必须想尽办法，将稀少的水源从极地地区引入聚居区的中心地带。

**环球科学
小词典**

火星运河：1877年，意大利天文学家斯基帕雷利宣布，他观测到了火星的"运河"。后来，又有人进一步指出，火星上明亮的区域是干燥的沙漠，而黑暗的部分是大片的植被，"运河"是智慧的"火星人"开凿的。一时间，"火星人"成了全球性的热门话题。其实，早在火星"运河"刚被发现时，就有许多科学家表示怀疑。他们认为，由于火星质量较小，因此难以束缚孕育和保护生命的大气；而且火星距太阳比地球距太阳远50%，表面温度一定很低，所以存在高级生命的可能性非常小。但是，由于缺乏直接证据，他们很难彻底战胜"运河"说。到了20世纪六七十年代，空间科学的发展帮助人们解开了火星"运河"之谜。根据探测器发回的照片，人们看到了真正的火星。"运河"根本不存在，那不过是人类的错觉和幻想。斯基帕雷利等人所看到的，不过是一些偶然排成一线的大大小小的环形山罢了（参见《环球科学》2007年第1期《火星水世界》一文）。

1907 年 ● 放射性衰变
8 月 AUGUST

　　威廉·拉姆齐爵士（Sir William Ramsay）最近发布的一则声明应当引起人们的关注。据他称，在长期的试验中，他将各种混合物与镭射气（radium emanation，即氡）接触，以观察镭射气对混合物的影响。拉姆齐发现，混合物中的铜会转化，或者用他自己的话说，"衰变"成锂。他用镭射气处理了磷酸铜溶液之后，铜居然消失了，而在残留物的光谱上出现了一条代表锂的红线。这一发现如果能够被证实，必然会成为放射性时代化学上最伟大的发现之一。

编者注：铜不会衰变成锂；1908年，玛丽·居里（即居里夫人）和埃伦·格莱迪奇指出，上述实验中的锂其实来自于实验所用的玻璃容器。

1907 年 ● 蛇的催眠术
10 月 OCTOBER

　　很多人都相信，毒蛇捕食猎物时，会使用一种神秘的"魔咒"。甚至连科学家也曾认真思考过毒蛇的这种所谓的催眠鸟类的能力。阿尔弗雷德·拉塞尔·华莱士（Alfred Russel Wallace）认为，这是一种视觉暗示，类似于催眠术。在欧洲和北美的农村，对于蛇能迷惑鸟儿这种现象，人们已经见惯不惊，就像捕鱼者能够迷惑鱼儿一样自然。不过在去年，我经过对响尾蛇的观察，证明了上述言论是错误的。蛇准备发起攻击时，根本不需要什么催眠技巧，它们只是慢慢昂起头，悄然逼近，缓缓地收缩盘绕起来，然后标枪般迅速出击，再从容不迫地退后——一场战斗就这样结束了。

1908年
3月 MARCH
●四维空间

　　数学是最严谨、最基础的学科。然而，在这样一个研究方法严谨和单调的领域，科学家开辟出了奇妙无比、神话般的想象空间，给予我们前所未有的体验——目前已经有人提出了四维甚至更多维的空间概念。如果一个人知道了四维空间的秘密，那么一间用6个平面围成的普通牢房不可能关得住他，因为只要在第四维的方向上轻微移动，他就能立即脱离三维空间。不过，在四维空间内，他必须谨慎行动，因为一旦回到三维空间，他就有可能发生很大的改变。

1908年
10月 OCTOBER
●古兽化石

　　亨利·奥斯本教授曾带领美国自然历史博物馆的探险队前往埃及法尤姆沙漠考察，巨型重脚兽头骨就是他在埃及的重大发现之一。目前，奥斯本教授正在为这块头骨的展出做准备。巨型重脚兽生活在古非洲，是一种很特别的陆地哺乳动物。它最突出、最重要的特征就是有一对朝上向外、近2英尺（约61厘米）长、危险又奇特的锋利尖角。查尔斯·罗伯特·奈特先生为这只巨兽创作了一幅栩栩如生的复原图（见右图）。

重脚兽生活在始新世，现已灭绝。这是一张创作于1908年的复原图。

1908 年 ●难题
🕐11月 NOVEMBER

　　著名的库利南钻石已被成功地切割成11份。由于太大太贵重，难以找到买主，这块钻石在某种程度上沦为"鸡肋"，拥有它的公司一直为如何处理它而倍感头痛。最终，该公司决定将这颗钻石献给英国国王爱德华（King Edward）。国王委托荷兰阿姆斯特丹的一家公司对钻石进行切割和抛光。英国《泰晤士报》称，库利南钻石原石的重量为1.3磅（约589.7克）。通常，一颗钻石有58个切面。但考虑到库利南钻石的巨大尺寸，这家钻石加工公司将它切割成了74个切面。事实证明，这是个十分明智的决定。

环球科学 小 词 典 ABC

库利南钻石：世界现存的最大钻石。这颗钻石于1905年1月27日在南非被发现，它长100毫米，宽65毫米，厚50毫米。据地质学家推测，库利南钻石晶体仅为原完整晶体的1/3，尚有2/3没有被发现。1907年，南非德兰士瓦地方政府将这粒巨钻买下并赠送给了英国国王爱德华。

1909 年 ●可怕的地震
🕐1月 JANUARY

　　地震很有可能是地球逐渐冷却的必然结果。由于地球不断向外辐射热量，自身温度逐渐降低，体积必然会慢慢缩小。在这缓慢而必然发生的变化过程中，地壳必须及时调整，才能适应这种变化。然而，只要地壳上的任何一块广阔的陆地相对另一块发生轻微移动，就会导致难以想象的灾难：房屋成片倒塌，村庄甚至大城市都会遭受毁灭性的破坏，有时还会造成大量人员伤亡。

1909年 ●天外来客
🕐8月 AUGUST

　　哈雷彗星接近地球，是1909年和1910年最重大的天文事件。每过75或76年，这个引人瞩目的天体都会沿着它那扁长的椭圆形轨道，完成绕太阳一圈的环行。1836年5月，人们在开普天文台对它进行了最近一次观测。虽然在这之后哈雷彗星很快就从人们的视野中消失，但科学家已精确掌握了它在太空中的行进轨迹，就像在茫茫大海中，水手掌握了船舶的正确航向一样。那些装备了大型望远镜的天文台正在相互竞争，看谁将率先观测到从浩瀚星空返回的哈雷彗星。

1909年 ●电气栽培
🕐10月 OCTOBER

　　人们一直认为夏季持续两三个月的日照是极地植物快速生长的原因，但现在这个说法被推翻了。芬兰赫尔辛基大学的莱姆斯特伦教授（Prof. Lemstroem）提出，多项证据表明，在大气层和地表之间流动并引起北极光的电流才是导致北极植物快速生长的原因。针叶树的针状树叶和谷物的芒刺都有利于电流贯通整株植物，这一特性正是这种奇异现象的成因之一。

1910年 ●细菌化肥
🕐2月 FEBRUARY

　　根瘤菌具有固氮能力和硝化机制。这一发现促使科学家进行新的尝试：通过添加固氮菌来加强固氮和硝化过程。1895年，德国科学家诺贝（Nobbé）和希尔特纳（Hiltner）为豌豆与其他豆类及其生长的土壤的接种技术申请了专利。他们的具体做法是，将种子放在根瘤菌凝胶培养基的浸液中浸泡。1904年，美国农业部分发了12,000盒细菌培养基，它们的效果看上去还不错。但这些培养基的作用尚不明确——土壤本身含有大量硝化细菌，只是它们的生长会受到多种因素的抑制。

● 洪水

洪水在法国巴黎肆虐，把这个国际大都市的很多街道都变成了可以行船的"威尼斯运河"（见下图）。皇家大桥处的最高水位超出正常水位31英尺4英寸（约9.5米），被淹没的两侧河岸长达1英里（约1.6千米）。自创历史纪录的1615年大洪水以来，巴黎就没再经历过这样的洪水。洪水的真正成因尚不明确。地质学上的解释是，洪水暴发是因为该年冬天并不寒冷，降雨量大而蒸发量少，塞纳河流域的容水量达到饱和。至于洪水的具体原因，市政工程人员的调查结果可能更为可靠。

洪水使被称为"光之城"的巴黎变成了"水之城"（1910年）。

1910年
⏱3月 MARCH ● 放射性元素

根据放射性衰变理论，放射性矿物质中钋的含量肯定非常少。根据这一理论，钋被看作镭的衰变产物。处于放射性平衡状态时，这两种物质的相对比例等同于它们平均寿命的比值。镭的平均寿命约为钋的5,300倍，每吨沥青铀矿中含有0.2克镭，也就是说这种矿每吨中钋的含量不可能超过0.04毫克。最近，利用专门囤积的几吨铀矿残余物，我们开展了一项提取浓缩钋的化学研究。

——居里夫人（Mdme. Curie），安德烈-路易·德比耶纳
（André-Louis Debierne）

1910年
⏱8月 AUGUST ● 森林与洪水

最近，在欧洲和美国，关于森林对河流流量的影响引发了一场激烈的争论。在阅读与这个复杂问题相关的文献时，人们会惊讶地发现，很多理论所依靠的事实根据都不够充分。意识到这一点后，美国气象局和美国林业局共同开展了一系列调查，旨在准确提供研究所需的数据。在科罗拉多州瓦根惠尔加普（Wagon Wheel Gap）附近，科学家将对两个具有相似地形的河流流域进行全面研究，弄清楚森林植被对河流流量、侵蚀、泥沙沉积等方面的影响。他们首先会在8～10年内，持续测量两条河流的水流量；然后清除其中一条河流两岸的植被，在接下来的8～10年里，继续测量两条河流的水流量。这样一来，除去植被有何影响可能就非常清楚了。

编者注：瓦根惠尔加普项目是美国首个研究森林对河流流量影响的对照试验。砍伐森林的确能使河流流量升高，但7年后，新长出的植被又会使河流流量大幅度下降。

1910 年 ● 细胞培育
11 月 NOVEMBER

美国洛克菲勒研究所的亚历克西斯·卡雷尔博士（Dr. Alexis Carrel）及其助手蒙特罗斯·托马斯·伯罗斯博士（Dr. Montrose Thomas Burrows）认为，从逻辑上说，开发一些有助于发现生理规律的研究方法也是科学的一部分。他们已经开始系统研究这类方法中的一种方法，即从机体中提取成熟组织进行体外培养。他们的实验显示，成熟组织和器官在体外极易生长。就连科学态度严谨而保守的卡雷尔和伯罗斯都认为，无论怎样来看，哺乳动物成熟组织的体外培养这一方法如果得到完善，将有助于探索人类病理学中的未知领域——这些研究可能对人类的生存具有极为重大的意义。

1910 年 ● 海底世界
12 月 DECEMBER

最近到访美国的英国著名海洋学家约翰·默里爵士（Sir John Murray），几年前在英国科学促进会的一场演讲中指出："继哥伦布（Columbus）和麦哲伦（Magellan）大航海之后，过去25年的深海发现是为地球自然知识宝库增添的最为重要的一笔财富。"但当所有人的注意力都集中在以下事实，即礁体、岛屿这些庞然大物竟是由微小珊瑚的活动而形成的，我们需要认识到，这仅仅是深海动物学研究的一个重要实例而已。目前，数百位博物学家都在研究摩纳哥王子阿加西（Agassiz）和其他深海探索者搜集到的资料和数据。

1911年 ●非凡的居里夫人
🕐1月 JANUARY

　　在这样一个开明的时代，在巴黎这样的文化启蒙中心，对于居里夫人这样拥有辉煌成就的科学家是否有资格成为法国科学院院士，居然还需要讨论，我们不禁为此深感遗憾。科学界在授予科学家荣誉时，根本不应该考虑性别问题。即使不是要求提高妇女权利和特殊优待的热心人士，也会认为凭借这个女人的非凡成就，在科学院中获得与其他能力相同的人同等的地位和权益是理所应当的。

编者注：在政治操控下，居里夫人被法国科学院拒之门外。

1911年 ●金星大气
🕐3月 MARCH

　　金星与地球大小相当，但由于它离太阳更近，温度必然比地球高。据估计，金星的平均温度约为140℉（约60℃）。各种迹象表明，这颗行星被一层厚重而浓密的大气层包裹着。每个世纪出现1～2次的金星凌日（金星圆面投射在太阳表面的现象）发生时，金星大气层给金星镶上了一道明显的金边。浓厚的大气层能强烈反射阳光，因而金星的表面温度不大可能高到高等生命无法生存的地步。因此，这颗行星应该是适宜居住的。

译者注：后来的观测表明，金星大气中超强的温室效应使金星表面温度达400℃以上，是名副其实的炼狱。

1911年 ● 冲向南极
4月 APRIL

　　斯科特上校（Capt. Scott）捎信来说，阿蒙森（Amundsen）和他一样，正在努力向南极进发。在雪橇探险队登陆后，斯科特的"特拉诺瓦号"（Terra Nova）轮船带着斯科特上校的消息返回了新西兰。据悉，探险队中的彭内尔上尉（Lieut. Pennell）在冰岛湾发现了阿蒙森的"前进号"（Fram）轮船，还有一支整装完毕准备前往南极的挪威探险队。在"前进号"上，有8个人和16条格陵兰犬。在斯科特的消息送达之前，人们没有听到过任何关于阿蒙森探险队的消息。

1911年 ● 温室效应
6月 JUNE

　　为了解释在地质史上多个阶段都出现过的冰期，斯万特·阿伦尼乌斯提出了一个很有新意的理论。根据兰利（Langley）所做的实验，大气中的二氧化碳和水蒸气能够阻挡地球发出的长波热辐射，而对太阳射向地球的各种波长的光线则只有较弱的阻挡作用。阿伦尼乌斯由此推断，只要大气中二氧化碳和水蒸气的含量有所增加，地球的保温效果就会增强，地表温度就会随之上升。该理论推断，地球大气中二氧化碳和水蒸气在冰期含量较少，而在较热的时期则含量较多。

1911年 ●居里夫人
⏱11月 NOVEMBER

　　就在几天前，我们刚得到了居里夫人第二次获得诺贝尔奖的消息，这一次她得的是化学奖。居里夫人获得的荣誉和奖项众多，在此无法一一列举。除了她和丈夫在放射性领域合作进行的数项研究之外，居里夫人还独立发表了许多论文，并撰写了一部题为《放射性物质研究》（*Investigations of Radioactive Substances*）的著作。她在书中阐明了和丈夫共同取得的成果，其中包括具有划时代意义的镭的发现。

1912年 ●思索相对性
⏱3月 MARCH

　　对有的人来说，现代科学的种种概念和形而上学即使实际上没有关联，两者的边界也离得很近了。我们提到过，电子的质量会随着速度加快而增大，当它达到光速时，质量将变得无穷大。换句话说，实质上任何运动速度都不可能超过光速。在凭借詹姆斯·克拉克·麦克斯韦（James Clerk Maxwell）等人的努力，使这个结论得到完全证实之前，杰出的德国科学家阿诺德·索末菲（Arnold Sommerfeld）曾建立超光速系统的动力学模型（假想的超光速粒子后来被称为"快子"）。它让我们有了一个结论，或者说一个悖论。很多人对此表示难以接受，并立即表示反对。正是基于对反对意见的思索，科研工作者［阿尔伯特·爱因斯坦（Albert Einstein）等人］才发表了"相对性原理"。这一伟大原理是现代物理学中最基本的原理，它断言质量、长度和时间都是相对的。

　　　　　　　　——约翰·威廉·沙利文（John William Sullivan）

1912年 ●细菌灭蝗
🕐10月 OCTOBER

　　不到两年，一种由细菌引起的传染病就将尤卡坦半岛上定期来犯的蝗虫杀了个干净。这种疾病发作起来持续12～46小时，症状是剧烈的腹泻。发病期间肠道中的物质几乎全部成为了微生物培养基。费利克斯·德雷勒（Félix d'Hérelle）分离出了这种微生物，并在一份提交给法国科学院的科研报告中分析了它们的致病效果。现在，德雷勒先生又受阿根廷政府之托，在每年肆虐于巴拉那地区的另一种蝗虫身上试验这种微生物的杀虫效果，结果出人意料地好。

编者注：此后，德雷勒又对细菌做了进一步研究，最终在1917年发现了噬菌体（侵染细菌的病毒）。

1912年 ●巴甫洛夫的饿狗
🕐12月 DECEMBER

　　几年来，才华横溢的俄国生理学家巴甫洛夫（Pavlov），一直在用实验的方法对动物的反射行为做详尽的研究。《德意志评论》（Deutsche Revue）写道："现在，巴甫洛夫已经不用'心理反射'这个术语，而是改说'条件反射'和'非条件反射'。'条件反射'指的是，当感官受到适当的刺激时总会出现的反应，比如食物一放进嘴里，唾液就会流出。'人为条件刺激'也有同样的效果：如果在给一条狗喂某样食物时，总是奏响同一个音符，那么一段时间之后，只要奏响那个音符，狗就会流出唾液。但只要音符略有偏差，唾液就不会流出。"

1913 年 ●皮尔当人
◔1月 JANUARY

　　大约一年前，英国古生物学家道森先生（Mr. Dawson）在英格兰萨塞克斯郡的皮尔当发现了一个相当完整的人类头骨。这是不列颠群岛上最古老的人类遗骸，也是全世界最古老的人类遗骸之一。有人说，皮尔当人是大猩猩和现代人类之间的过渡类型，但这个说法忽视了大猩猩的体型比人大得多的事实。不过，相比前额平坦的尼安德特人，皮尔当人要高级得多。由此可以推断，远在前额较低的尼安德特人遍布西欧之前，这个地区就有了至少一种前额较高的低等人种。

编者注：对于这块化石的怀疑一直不曾间断。到1953年，三位英国科学家最终证明"皮尔当人"是一个骗局。

1913 年 ●斯科特之死
◔2月 FEBRUARY

　　在南极这片荒凉、冰冷、未曾被探索的不毛之地，斯科特上校在抵达南极点之后，献出了自己的生命。他至死都是一位真正的科学英雄。在那片无人涉足的南方雪原下没有埋藏的珍宝，有的只是不朽的英名。

　　这样一位自愿与世隔绝三年、最终在一场暴雪中葬身的人，他的理想，只有那些跟他一样致力于科学研究的人方能明白。他是为了什么？是为了得到气象学资料，是为了收集地质学数据，是为了在那片冰冷、雪白、沉寂、或许永无人烟的大地上发现动植物的踪迹。总之，他绝不是为了寻找黄金。

●阿尔塔米拉岩画

为什么阿尔塔米拉的远古艺术家要在自家洞窟的黑暗角落里绘制那些旧石器时代的岩画，而不去那些阳光充足、便于下笔的地方创作呢？很有可能，这些画作并非为了表达对于美的热爱，也不是哪位旧石器时代的"乔托"想要"露上一手"，而完全是出于一定的实际目的。实际上，这些都是为生计创作的原始招贴画，目的是充实食品储藏间。有人这样猜测：高卢南部和西班牙北部的旧石器时代的居民相信，只要画下鹿、野猪、野牛、马（在当时是美味）和猛犸的形象，就可以把真正的动物引来。

译者注：乔托，意大利文艺复兴早期杰出的雕刻家、画家和建筑师，被誉为"欧洲绘画之父"。

1913年 ●超导
⊙3月 MARCH

最近荷兰科学家海克·卡默林·翁内斯（Heike Kamerlingh Onnes）在实验中证明，超低温能够降低电阻，这有助于证明下面的理论：在温度降低到绝对零度时，任何导体的电阻都会消失。通过在半真空的环境中使液氦沸腾，科学家获得了仅比绝对零度高3℃的低温。在这个温度下，汞的电阻只有0℃时的千万分之一。

1913年 ●沉船寻宝
⊙5月 MAY

1799年，装载了10吨金银的英国护卫舰"卢廷号"（Lutine）沉没。找回这些金银所面临的最大难题是，船上生锈的炮弹和货物压住了金银。"卢廷号"的打捞工作将在明年春天重启，届时，打捞船"里昂号"（Lyons）会带着一块起吊重量达到3吨的电磁铁去打捞船上的财宝（见右图）。水下的金属块将先被小股炸药炸成小块，然后由磁体吊起。

起锚：打捞人员计划用一块强有力的电磁铁来打捞沉船（1913年）。

1913 年 ● 达尔文和华莱士
11 月 NOVEMBER

阿尔弗雷德·拉塞尔·华莱士在不久前离开人世。托马斯·亨利·赫胥黎在1858年给约瑟夫·胡克（Joseph Hooker）的信中写道："看来华莱士坚定了达尔文的决心。听说我们可以了解他的观点了，这让我很高兴。我期待一场伟大的变革。"与华莱士的交流显然加快了达尔文的研究，但如果认为华莱士的作用仅仅是激励了达尔文，那就大错特错了。即使达尔文没有为世界贡献出自然选择学说，华莱士也一定会的，这一点毫无疑问。

1913 年 ● 美国的皮尔当人骗局
🕐 12 月 DECEMBER

　　如果新闻界的广泛宣传能公正准确地衡量出公众对某个话题有多大兴趣，那么我最近接受的有关史前人类的采访在报纸上出现的位置和所占版面都足以显示，公众对此所持的态度不仅仅是好奇而已。同样让我觉得有趣的是，在美国各地发行的报纸，凡涉及这一话题的，几乎都重点描述了人类在地球上的悠久历史。这的确是整个人类起源问题中至关重要的一点。近来的多项发现已十分清晰地表明，人类存在的时间远比绝大多数科学家所设想的漫长。

——詹姆斯·莱昂·威廉姆斯医生
（Dr. James Leon Williams）

编者注：皮尔当人指的是一块1912年在英国发现的原始人化石。该发现在1953年被证明是一场骗局。威廉姆斯医生的职业为镶牙医师，他是一名满怀热情但容易轻信的业余人类学家。早在1913年11月的时候，英国伦敦大学国王学院的科学家戴维·沃特斯顿就在《自然》杂志上发表文章，正确鉴别出这个头骨属于现代人类，下颌骨则来自于一只猩猩。

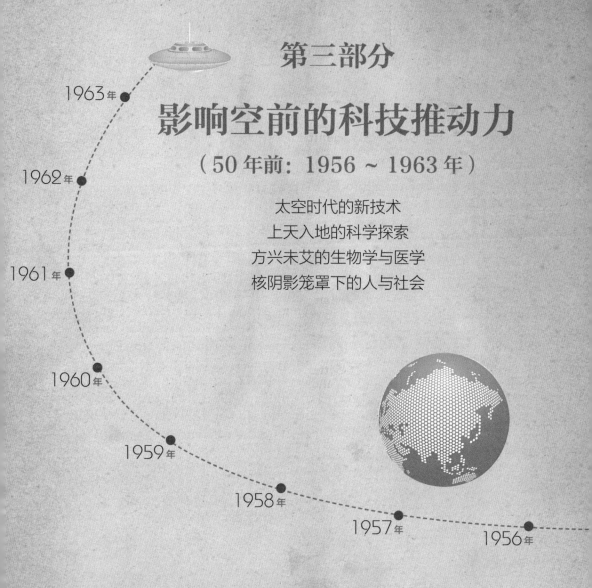

第三部分

影响空前的科技推动力

（50 年前：1956 ~ 1963 年）

太空时代的新技术
上天入地的科学探索
方兴未艾的生物学与医学
核阴影笼罩下的人与社会

1963 年
1962 年
1961 年
1960 年
1959 年
1958 年
1957 年
1956 年

　　20世纪中叶，第二次世界大战已经结束，科学开始了飞速发展。物理学、天文学、生物学、医学等领域的一系列重大发现，让世界迎来了一个崭新的时代。而仍被笼罩在冷战阴影中的人们，心理上经受着极大的考验。阴影过后，这些技术和研究终将改变人们的生活。

太空时代的新技术

1957年
7月 JULY

人工降雨

　　近来，美国气象学会理事会收集现有数据，讨论了播云，也就是为进行人工降雨而向云中播撒催化剂的有效性。最终结论是无法证实播云是否有效。他们在声明中指出，适合人工降雨的天气条件与通常能产生自然降雨的条件非常相似。理事会还指出："播云只能触发现有云层的降水。"没有确凿证据显示碘化银地面发生器（在地面操作的催化剂运载工具）能在平原地区提高降雨量。似乎只有在寒冷的天气，以及在使空气上升的山脉地区，播云才能发挥作用。另外，催化惰性云体也可能导致相反的效果，即驱散云层，而不是产生降雨。

1957年
12月 DECEMBER

"斯普特尼克二号"

　　日前，苏联成功发射第二颗人造卫星［"斯普特尼克二号"（Sputnik 2）］。一只名叫"莱卡"（Laika）的小狗乘坐这颗重约500千克的卫星进入太空，成为第一位"太空旅客"。全世界的科学家都相信，太空旅行的时代已经到来，发射登月火箭似乎指日可待。苏联政府通过新闻机构——塔斯社——发表官方声明："为了装载众多计量与遥测装置，更为了给动物提供空间，卫星体积必须增大，这就要求对现有仪器和能源技术进行改进。"

编者注：直到2002年，人们才得知，卫星发射7小时后，莱卡就已死亡，这很有可能是由高温高压导致的。

1958年 ● 预应力混凝土
🕑 7月 JULY

欲使混凝土变得更加坚固，需要将其压缩；而欲使钢筋变得更加坚固，则需要将其拉伸。把这两种属性相反的物质混合起来，就制成了一种比普通钢筋混凝土更坚固，比纯钢筋更便宜的建筑材料——预应力混凝土。这项技术过去几年才发展起来，但在建筑界，它已被公认为20世纪最伟大的进步之一。目前，大多数高楼和桥梁的修建，都使用了这种材料，在美国制备预应力混凝土的产业规模将达到10亿美元。可以说，我们从钢筋时代跨入了预应力混凝土时代。

1959年 ●响鞭
⏰2月 FEBRUARY

　　早在能突破声障（亚声速与超声速的临界点）的炮弹和
飞机出现以前，人类创造出超声速冲击波的历史就有上千年
了。当我们舞动皮鞭时，它会发出响亮的噼啪声，不过这不
是鞭子的皮革相互击打的声音，而是因为鞭梢的速度超过了
声速。美国华盛顿特区的海军研究实验室通过与响鞭表演者
合作，在对皮鞭进行动力学实验和理论研究的基础上，揭开
了这个真相。根据每秒4,000帧的高速相机的记录，鞭梢舞动
时的速度能达到近1,400英尺/秒（约426米/秒），比声速快了
约25%。在阴影图上也可以清晰地看到，冲击波从鞭梢处源源
不断地涌出。

1959年 ●太空菜单
⏰6月 JUNE

　　在太空失重条件下如何解决吃喝问题，是长久以来引发
科幻小说家遐想的主题之一。现在，一个飞行实验室正在致

力于解决这个问题。初步的研究结果显示，太空旅行者可以用塑料挤压瓶饮水，太空食品则以类似婴儿食品的半流质食物为主。《航天医学杂志》（*Journal of Aviation Medicine*）的一篇报道称，几乎所有参与实验的志愿者都认为，利用敞口容器饮水非常困难，难以完成。在失重条件下，即便缓缓地拿起一杯水，也很可能把一团变形虫一样的液体泼到自己脸上。使用吸管饮水的效果也不理想——气泡会在失重的水中悬浮，人们吞下去的空气比水还多。

1960年 8月 AUGUST ●直升机

世界各国都在积极研究垂直起降航空器。在美国，这项研究由美国国家航空航天局、多家航空器制造商和军方合作进行。商业客运的需求并不是研制这类航空器的唯一的，甚至不是主要的推动力。海陆空三军对于无需准备跑道就能在前线直接起降的各种类型的航空器都很感兴趣。截击机、侦察机和货运机的研制都在紧锣密鼓地进行。就货运航空器而言，它们在商业和军事领域显然都能派上用场。

直升机：带有螺旋桨的新式航空器（1960年）

1961年 ● 苏联太空人
⏱5月 MAY

　　1961年4月12日，一个名叫尤里·阿列克谢耶维奇·加加林（Yuri Alekseyevich Gagarin）的苏联人乘坐宇宙飞船，跨越了地球与行星际空间的界限，因成为世界上首位完成这一壮举的人而闻名于世。这艘"东方号"（Vostok）宇宙飞船重5吨，搭载着它的火箭于莫斯科时间上午9:07发射升空。进入预定轨道后，加加林发回了如下信息："我正在观望地球，能见度很好。我感觉不错，精神状态良好。设备运转正常。"

1961 年 ●天气预报革命
🕐7月 JULY

　　大气的变化是异常复杂的，我们不能指望通过短短几个月的卫星观测，就能一下子弄清天气过程，或是马上提高天气预报的准确度。不过，在分析了"泰罗斯一号"（Tiros Ⅰ）和"泰罗斯二号"（Tiros Ⅱ）收集到的数据后，气象学家确信，气象卫星将对气象学产生革命性影响。正是基于这个信念，美国气象局正与美国国家航空航天局联手，计划发射更多的气象卫星。

1962 年 ●声爆
🕐1月 JANUARY

　　去年，美国国会向联邦航空管理局拨款1,100万美元，用于研发超声速交通工具样机，美国国家航空航天局会提供技术上的支持。要让大型客机飞行速度超过声速，研究人员必须解决设计、建造和操作方面的诸多重大问题，而声爆就是其中难度最大的问题之一。所谓声爆，就是物体在空气中以超声速运动时发出的爆炸般的巨响。过去就发生过个别案例：超声速战斗机飞越人口稀少的地区时，制造的声爆引发过警报，造成了一些破坏。鉴于此，让一队轰鸣的超声速客机在大都市的机场附近执行飞行任务，并从低空飞过城市，显然是不可能的。

1962 年 ● 误差编码
⏱ 2月 FEBRUARY

　　直到不久前，工程师在设法改善通信信道质量时，都还着眼于降低噪声，或者说得精确些，着眼于提高信噪比。要达到这个目的，最直接的办法就是增大信号强度。但在过去15年中，一系列新的信号处理装置，尤其是电子计算机，却指明了一种能以最小误差传输信号的新途径，那就是运用误差检测编码。这类编码的基本原理早已为人所知，现在又增添了新内容：一套让工程师得以判断当前的编码与理想状态相差多少的理论和一系列编码技术。

1962年 4月 APRIL ● 载人太空飞行

"水星计划"在1962年2月20日取得首次载人轨道飞行的成功，或将为太空探索领域的国际协作拉开序幕。宇航员小约翰·赫舍尔·格伦（John Herschel Glenn, Jr.）的表现也证明，人类能够在宇宙飞船中发挥作用。格伦表示，在本次飞行的初期，自动系统出现故障后，他通过控制飞船的俯仰、偏航和滚动来"驾驶"太空舱。他后来表示，自己的经验说明"人可以接替各种系统"。他还进一步建议："在未来的飞行中，我们或许可以大幅降低机器的自动化程度和复杂性。"

1962年 6月 JUNE ● 计算机的应用前景

数字计算机在机器翻译和信息提取这两个领域的应用前景，已经促使越来越多的研究人员把目光重新对准了语言。要是能造出一台完备的翻译机器，我们就将向扫清语言障碍的目标跨出一大步。要是能造出一台完备的信息提取机器，我们就能更加轻易地获得世界各地图书馆中的知识资源。

1963年 1月 JANUARY ● 太空合作

1962年2月，苏联领导人赫鲁晓夫（Khrushchev）在为约翰·格伦绕地飞行成功发出的贺信中，建议美国和苏联在一些太空研究项目中合作。美国总统肯尼迪（Kennedy）做了答复，建议两国在太空医学，气象卫星、通信卫星研发，地球磁场绘制，太空飞行器跟踪领域进行合作。1962年6月，苏联火箭专家阿纳托利·阿尔卡季耶维奇·布拉贡拉沃夫（Anatoli

Arkadyevich Blagonravov）与美国国家航空航天局副局长休·拉蒂默·德赖登（Hugh Latimer Dryden）进行会谈，双方就其中的三个领域草拟了合作建议。在得到各自政府的批复之后，这份协议在联合国关于和平利用外太空的辩论时被公布。

1963 年 ● 机器翻译
6 月 JUNE

只有研究出中文翻译机器，西方人才有望真正了解中国人的风俗、成就和抱负。亚洲东南部半岛就有数亿人口，目前出版的报纸、杂志和书籍每年约合30亿字。在这个巨大的文字量当中，只有不到1%的内容被翻译成英文、法文或德文出版。我们之所以需要自动翻译，是因为靠人工翻译应付不了这样巨大的工作量，译者也不可能完全掌握翻译所需的专业词汇。

1963 年 ● 超声速梦想
8 月 AUGUST

20个月前，英国和法国计划联手制造一架超声速商用飞机。受到这一计划的刺激，美国国家航空航天局已经向国会申请一项7.5亿美元，以协助美国的飞机制造商研发一款相似的飞机。据估计，这架飞机的研发成本将高达10亿美元，私有企业无力承担。这将是美国政府首次直接出资贴补商用飞机的研发工作。美国联邦航空管理局局长纳吉布·伊莱亚斯·哈拉比（Najeeb Elias Halaby）预计，新飞机将于1971年之前投入使用。哈拉比相信这架飞机将有可能和英法合造的"协和"客机同步上市，并在速度上超越后者。

上天入地的科学探索

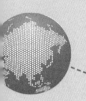

1956年

1月 JANUARY

马尾藻

一代又一代科学家前往马尾藻海进行研究。与海藻可能使我们联想到的情形相反，马尾藻海并非生机勃勃的海上丛林，而是巨大的海上沙漠。这些海藻从何而来？哥伦布认为这些漂浮的海藻是从亚速尔群岛附近巨大的水下植物床散落出来的，但这些所谓的植物床至今还未找到。这些漂浮的马尾藻足以证明，它们是在被发现的海域中独立生长、繁殖和生存的。现在，许多海洋学家更支持这样一种理论：马尾藻海中绝大多数海藻就产生于这片海域。它的祖先也许来自海底的植物床，但如今它已经进化，可以自由漂浮在海面上生存。

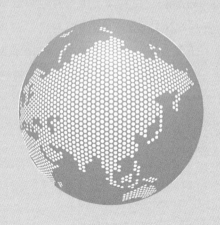

**环球科学
小词典**

马尾藻海：北纬20°～35°、西经35°～70°之间的大西洋海面上，有一片面积约520万平方千米的"魔藻之海"。马尾藻在海风和洋流的带动下，犹如一条巨大的橄榄色地毯，一直向远处伸展。这里还是终年无风区。自古以来，误入这片海区的船只，几乎全部因为缺乏航行动力而活活困死。1492年，哥伦布在向美洲进发的途中，进入了这片海区，被马尾藻围困一个多月，最后在全体船员的奋力拼搏下，终于死里逃生。马尾藻海遂名声大噪。在远离大陆的大洋中心，为何会出现一个长满藻类的海域？这些藻类又是从何而来？这一直是科学家研究的课题。

1956年●反质子
⏱6月 JUNE

众所周知，反质子的产生需要巨大能量，因此最有可能在宇宙射线中发现它。有些情况下，研究人员虽然能够探测到反质子产生的某些迹象，但却从来没有足够的信息来确认这一点。对此，美国加利福尼亚大学的研究人员利用高能质子同步稳相加速器，以60亿电子伏特的质子轰击铜制标靶，以探测和确认是否有反质子产生。这一探测方案由欧文·张伯伦（Owen Chamberlain）、托马斯·伊普西兰蒂斯（Thomas Ypsilantis）和笔者共同设计制订。到目前为止，加利福尼亚大学伯克利分校的研究人员已经在乳剂中探测出了大约20条反质子轨道。

——埃米利奥·塞格雷（Emilio Segrè），克莱德·威甘德（Clyde Wiegand）

反质子： 1930年英国物理学家狄拉克提出电子有两种，除了有带负电荷的电子外，还有带正电荷的电子，这两种电荷恰好一正一反，带正电荷的电子是带负电荷电子的反粒子，也就是反电子。两年以后，狄拉克的预言得到了证实，美国物理学家安德森在实验室发现了反电子。而后，美国物理学家塞格雷与张伯伦又发现了反质子，他们也因此获得了1959年诺贝尔物理学奖。

1956 年
7月 JULY ● 原子窥秘

　　现在，就算成绩再差的学生也知道原子的存在，甚至了解原子的构造。微小的原子核周围笼罩着电子云的图形几乎已经成为我们这个时代的标志。1951年，笔者开始酝酿一种检测原子核的新方法，即用高速电子轰击原子核，然后观察电子如何偏转，或者像物理学家所说的，如何散射。同年，斯坦福大学建成一台大型直线加速器，它能产生强力电子束，能量可达十亿伏，波长仅为几费米（1费米=10^{-15}米）。如此短的波长足以相当详细地揭示原子核的构造。

　　　　　　　　　——罗伯特·霍夫施塔特（Robert Hofstadter）

霍夫施塔特： 美国物理学家，因研制出大型直线加速器而获得1961年的诺贝尔物理学奖。1950年，他离开普林斯顿大学，成为斯坦福大学的副教授，开始从事直线加速器和电子散射项目的研究。

1956年 ● 发现中微子
8月 AUGUST

　　随着中微子的发现，物理学中一项漫长而精彩的探索终于到达了胜利的彼岸。洛斯阿拉莫斯科学实验室的弗雷德里克·莱因斯（Frederick Reines）和小克莱德·洛兰·考恩（Clyde Lorrain Cowan, Jr.），在萨凡纳河畔的核反应堆附近的一个地下室里，锁定了这一神秘粒子。在1月号的《科学美国人》中，菲利普·莫里森（Phillip Morrison）将中微子的发现与海王星的发现进行了对比。海王星的发现，一直被视作经典物理学的最高成就——通过其他星球的运动证明其存在。而中微子则是现代物理学的最高成就，它的发现是能量守恒定律的有力证明。

1956年 ● 101号元素
12月 DECEMBER

　　我们的视线牢牢锁定在一个与电离室相连的脉冲记录仪上。一个小时过去了，黑夜渐褪，晨光微曦，等待似乎无穷无尽。突然，等待的结果终于出现了！记录笔骤然跳向刻度中间，然后跳回，在两者之间画下了一条优美的红线，代表着10倍于α粒子所能制造的电离脉冲强度。在这一实验之前，对天然本底辐射的测试已经进行了数日，其间并未出现这样的脉冲记录。看起来，这一脉冲很可能就是我们期待的裂变信号。我们在夜色中继续等待。大概又过了一个小时，记录笔记录下了又一个与第一次相似的脉冲。现在可以确定，我们已经见证了101号元素的两个原子的衰变过程，化学元素周期表又多了一位新成员。

　　　　　　——艾伯特·吉奥索（Albert Ghiorso），格伦·西奥多·西博格（Glenn Theodore Seaborg）

**环球科学
小词典**

西博格：美国核化学家。从1940年到1958年，他和其他化学家合作，一共发现了原子序数从94到102的9个新元素。鉴于西博格在超铀元素（原子序数在114附近的重元素）方面的杰出贡献，他与麦克米伦（锘元素的主要发现者）共同获得1951年诺贝尔化学奖。在元素周期表中，第101号元素是钔。

钔
101
Md
[258]

1957年 ● 宇称终结
🕐4月 APRIL

　　τ介子和θ介子都会随着时间的流逝而发生衰变。τ介子会分解为3个π介子，而θ介子则会分裂为2个π介子。令人困惑的是，除了衰变方式不同以外，τ介子和θ介子的其他特性都完全相同。它们有可能是同一种粒子吗？一种粒子具有两种不同的衰变方式是可能的，理论上没有问题，现实中也找到过先例。但是τ介子和θ介子却明显违背了宇称守恒定律。面对这一难题，美国哥伦比亚大学的李政道和普林斯顿高等研究院的杨振宁大胆地提出了这样一种可能：在τ介子、θ介子及类似的粒子衰变过程中，宇称守恒定律并不成立。

——菲利普·莫里森

**环球科学
小词典**

宇称守恒：物理规律在空间反演（如镜像）下完全不变。例如，左边的钟是右边的钟的镜像，右边的钟以顺时针方向旋转，左边的钟则以逆时针方向旋转，但两个钟的快慢却是一致的。这就是说，物理规律是左右对称的，这就是宇称守恒定律。宇称守恒定律于1926年被发现后，一直被视为神圣不可动摇的定律，然而却被李政道和杨振宁打破，他们也因此项研究获得了1957年诺贝尔物理学奖。

1957年 🕐6月 JUNE ● 月球尘埃

　　将月球上的物质带回地球，这如果能实现，就将在科学史上写下极为重要的一笔。这个课题是如此诱人，以至于产生了多种提取月球物质的创造性方案，有的甚至不需要登陆月球。例如，我们可以同时向月球发射两枚火箭，其中一枚通过自导装置紧随另一枚。前面的火箭先向月球发射一颗小型原子弹。由于月球上没有大气层，且引力相对较小，蘑菇云能够升腾到很高的空中。这样，第二枚火箭就可以潜入蘑菇云，搜集一些尘埃，然后利用辅助喷管脱离云层。当然，这一计划要想成功，还需要电子制导领域出现重大突破。

——克拉夫特·阿诺德·埃里克（Krafft Arnold Ehricke），

乔治·伽莫夫（George Gamow）

环球科学 小词典
ABC

埃里克：火箭推进专家，"半人马"火箭的首席设计师，在宇宙飞船的发展过程中也起到过重要的作用。另外，埃里克还曾提出了移民月球的构想。

伽莫夫：20世纪最有影响的科学家之一，在众多的科学领域做出了开拓性的贡献。他早年在核物理研究中取得出色成绩，其后在宇宙学领域又倡导"大爆炸"理论。在生物学上，他曾提出"遗传密码"理论。伽莫夫还是一位杰出的科普作家，他的许多作品风靡全球，《物理世界奇遇记》是他的代表作。

1957年 ● 基本粒子
🕐 7月 JULY

　　奇异理论提供了一种为奇异粒子分类的方法。该理论与4组粒子、3类反应的基本思想是一致的。目前，我们的理解程度仅限于门捷列夫（Mendeleyev）的水平——只知道元素的属性存在着某些规律（知其然）。而我们希望能够达到泡利（Pauli）的水平——他的不相容原理能阐明这些规律的原理（知其所以然）。此外，我们还希望达到量子力学创始者们的水平，进一步提高精确、详细预测原子体系的可能性。我们应该去了解粒子的运动法则，还要预测粒子发生碰撞时会发生怎样的相互作用，以及这种作用将如何导致粒子的偏转。

——默里·盖尔曼（Murray Gell-Mann），

罗森鲍姆（Rosenbaum）

 **环球科学
小词典**

　　盖尔曼：1929年出生于美国纽约市，22岁时就在麻省理工学院获得博士学位；24岁时，他发现了基本粒子的一个新量子数——奇异数；28岁时，建立了正确描述弱相互作用的V-A理论；32岁时，提出了强子分类的八正法（相当于介子和重子的门捷列夫周期表）；35岁时，创立了夸克模型。40岁时，也就是1969年，盖尔曼荣获诺贝尔物理学奖。

1958年 ● 不确定性
🕐 1月 JANUARY

　　现代物理学的基石之一居然是不确定性原理，这听起来似乎是个悖论。把不确定性作为科学的准则之一，确实使许多20世纪的哲学家感到困扰。但事实证明，迄今为止，不确定性原理已为当今诸多重要的物理学问题做出了有力，也是最有效的回答。在过去10年中，不确定性原理的有效性一直是学者争论的焦点。无论是对这一理论理解颇深的作者，还是对此尚不理解的作者，都用了很大篇幅来论述自己的观点。直到今天，所谓的"量子力学的哥本哈根解释"仍未被动摇。我和其他很多理论物理学家持相同的观点，认为不确定性理论不可撼动。

——乔治·伽莫夫

**环球科学
小词典**

哥本哈根解释：20世纪20年代，基于对量子效应的理解，以玻尔和海森堡为首的科学家提出了一种全新的观点。他们认为，在量子力学中，同时精确测量两个彼此相关的变量是不可能的，这并不是因为技术水平的限制，而是大自然本身的特性。换句话说，"上帝会掷骰子"。由于持这种观点的科学家很多都在哥本哈根工作过，比如玻尔、海森堡、波恩、泡利、狄拉克、克莱默、约尔当等，因此他们被称作哥本哈根学派，他们对量子理论的解释也被称作哥本哈根解释。

1958年 ●原子裂变
🕐2月 FEBRUARY

1939年1月，我们发表了一篇关于"与过去所有核物理领域中的认识都不一致的实验"的报告。当时，由于一些实验还需要几个星期才能完成，因此在阐述实验时，我们非常谨慎，但这绝不意味着我们对实验结果没有信心——实际上，结果已经得到强有力的证实。我们在"镭"的同位素的衰变产物中，发现了镧，但镧不可能由镭产生，这就说明镧的母元素并非镭，而是钡。作为化学家，我们必须持严谨的科研态度，在公布重大发现，特别是在物理相关领域的发现之前，要再三考虑。不过，我们的确提到了铀的裂变——在这一令人惊讶的过程中产生了钡，一种位于元素周期表下方的元素。

——奥托·哈恩（Otto Hahn）

**环球科学
小词典**

哈恩：德国著名科学家，因为发现"重核裂变反应"，获1944年诺贝尔化学奖。

1958年 ●反物质
4月 APRIL

　　银河系中即便存在反物质，数量也不会超过正常物质的千万分之一。几乎可以肯定地说，银河系中不存在由反物质组成的恒星。但在银河系之外，宇宙中某个遥远的角落可能存在着完全由反物质构成的星系。这样的天体存在的最直接证据就是强烈的射电源。除了反物质的湮灭外，任何已知过程都很难解释射电源的能量。另一方面，就算宇宙中真的存在反物质，现阶段我们也无法弄清楚大部分反物质与物质是如何分离的。要弄清这个问题，我们需要彻底改变我们对宇宙问题的认识。

——杰弗里·伯比奇（Geoffrey Burbidge），
弗雷德·霍伊尔（Fred Hoyle）

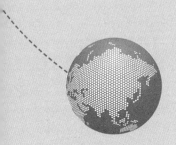

**环球科学
小词典**

伯比奇：英国天体物理学家，主要研究活动星系和类星体，曾和霍伊尔等人研究恒星内部的元素合成过程。另外，他还估算出了射电星系的巨大能量。

霍伊尔：英国著名天文学家，曾提出过著名的稳恒态宇宙模型（即宇宙的性质在大尺度时空范围内稳恒不变）。1957年，霍伊尔和伯比奇夫妇、威廉·福勒（美国物理学家）一起提出了元素合成理论。但在1983年，福勒因此获得了诺贝尔物理学奖，霍伊尔却遗憾错过了这一至高荣誉（不少人认为这和霍伊尔与一些机构关系紧张有关）。

1958年 ● 地球磁场
5月 MAY

　　关于地球磁场，最难说清楚的地方在于，到底是什么力量让磁场具有广泛的对称性。我们的设想是，磁场由自我封闭的环形电流产生。在这样的机制中，我们很难引入电池或其他任何外部动力源。但依据发电机理论，地球的自转可以作为一种驱动力，让封闭环形电流向同一方向流动。

——沃尔特·莫里斯·埃尔萨瑟（Walter Maurice Elsasser）

环球科学 小词典

埃尔萨瑟：美国物理学家，曾从事有关地球磁场起源的研究。他在1939年提出，地球的自转使液态铁核产生了环形电流，因此地球不是一块普通的磁铁，而是一块电磁铁。

1958年 ● **物理学的革新**
🕐9月 SEPTEMBER

我怀疑，我们对基本粒子的了解，与牛顿理论的追随者对量子力学的了解一样少。同他们一样，我们面临两项艰巨任务。一是研究和探讨现有理论的数学基础。无论现有的量子场论是对是错，其中蕴含的深奥的数学原理，需要欧拉和哈密顿（Hamilton）这样的天才去探索。二是在更广的范围里去研究现有理论尚未涉及的物理现象。这就意味着，我们要在目前大家所关注的粒子物理学领域进行实验。在物理学的诸多研究领域中，仍徘徊在基本粒子理论之外的最引人瞩目的，就是万有引力和宇宙学。

——弗里曼·戴森（Freeman Dyson）

环球科学 小词典

戴森：英国裔美国数学家和物理学家，普林斯顿高等研究院教授，他的研究为量子电动力学的建立做出了决定性贡献。戴森是从未获得过博士学位，却在著名高等学术机构任教的最著名代表。

1959年 ● **原子核**
🕐1月 JANUARY

最近几年我们面临的真正难题，其实是原子核模型过多。虽然每种模型都能很好地解释原子核在某些情况下的状态，但在不同模型之间存在明显矛盾，而且这些模型也明显抵触我们对核力的理解。过去几年，科学家在原子核研究领域取得了巨大进展：不仅梳理了众多原子核模型，还解释了它们为何可以在各自的领域中被合理使用。至此，我们可以把各种原子核模型看作一个整体（尽管不同模型间还存在着明显矛盾），不同的模型可以从不同的角度来解释原子核的状态。

——鲁道夫·埃内斯特·派尔斯（Rudolf Ernest Peierls）

译者注：派尔斯，英国物理学家。

1959 年 3 月 MARCH ● 范艾伦辐射带

在我们这颗行星周围，环绕着一个（确切地说是两个）高能辐射区，向太空绵延达数千千米。对于宇航员来说，这不是一个好消息，因为他们飞过高能辐射区时必须想办法避开辐射，即便只是快速穿越。地球物理学家、天体物理学家、太阳天文学家和宇宙射线物理学家却被这一重大发现背后崭新的科学含义吸引住了。辐射区的构造以及区域内的高能辐射证明，地球周围存在宇宙射线和太阳粒子这些重要的物理现象。不过，作为地球和太阳相互作用（主要表现为磁暴、气辉和美丽的极光）的"中间人"，辐射区这个巨大的带电粒子库到底扮演着什么角色还没有确切答案。

——詹姆斯·阿尔弗雷德·范艾伦（James Alfred Van Allen）

译者注：范艾伦，美国物理学家，因发现上文所述辐射带而闻名于世。

1959 年 4 月 APRIL ● 行星身份之争

经过对冥王星相对短暂的了解，天文学家开始怀疑它是不是一颗真正的行星。其他行星的椭圆轨道都在黄道面内，

而冥王星的轨道却与黄道面形成了一个较大的夹角。即使处于太阳系中离地球最近的区域时，冥王星的亮度都不及海王星的卫星海卫一，这或许说明它的体积比海卫一还小。有人猜测，冥王星曾是海王星的一颗卫星，后来逃逸出去，就像最近发射的两颗人造卫星一样，开始沿着自己的轨道围绕太阳运转。

——欧文·金格里奇（Owen Gingerich）

译者注：金格里奇，哈佛大学天文学和科学史教授，他是将电子计算机用于天体物理研究的先驱。

● 最深的钻井

地壳是包裹地球的一层外壳，相对较薄，平均厚度约为10英里（约16千米），仅是地球半径的1/400。地壳下面是地幔，关于地幔的组成和特征的详细情况非常重要，但我们对此知之甚少。要想获取这方面的信息，只有进行直接探测。地壳和地幔之间是莫霍洛维奇不连续面，地质学家称之为莫霍面。如果要采集地幔样本，就必须钻出一口穿过莫霍面的深井——这就是莫霍钻探。

——威廉·巴斯科姆（William Bascom）

编者注：超深钻探项目于1966年提前终止。

1959年 ● 制造波浪
8月 AUGUST

　　仅通过观察，你根本无法了解波浪的"行为方式"，因为这会让人昏昏欲睡。不信，你可以数100个波浪试试。只有深入研究海洋，并在大型实验水箱里进行波浪实验，才能回答波浪观察者提出的种种疑问。从研究中获得的新知识，已经让科学家有能力测量波浪的冲击力并预测波浪行为，这对生活和工作在海上或沿海地区的人们大有裨益。在美国新泽西州霍博肯的史蒂文斯理工学院，就有一个大型实验水箱，科学家可以在其中制造不规则的人造波浪，模拟深海中的各类海浪。下面照片中的轮船模型在波浪水箱中以自身动力前进，上端的设备能记录模型的运行情况。

5英尺（约1.5米）长的轮船模型在波浪水箱中接受测试（1959年）。

1959 年 ● 月球的另一面
🕐 12 月 DECEMBER

　　当月球的另一面首次模糊地展现在人类面前时，关于这颗天然卫星的起源与历史的现有理论或许就需要修改了。苏联于10月3日发射了飞行器。大约3天后，飞行器穿过了月球轨道。此后不久，科学家从地球上发出无线电指令，遥控飞行器上的两台照相机拍摄月球表面。拍摄完毕，飞行器通过无线电波将照片信息发回地球。10月27日，其中的一幅照片在莫斯科公布，照片显示月球上存在很多大陨石坑，以及地貌奇特的山脉。

编者注：后经证实，这些放射状的"山脉"为从陨石坑抛出的物质，相当平坦。

1960 年 ● 陨石尘
🕐 2 月 FEBRUARY

　　目前，地球物理学的研究范围已扩展到了地球周围的太空。这突出显示了一个事实：大气层保护着地球上的生物。如果我们头顶上没有那层大气，对验尸官来说，将会对死因为"陨石撞击"的死亡鉴定习以为常。过去13年里，我一直致力于对陨石坠尘进行直接测量。这些陨石尘和宇宙球粒样本来自远离工业文明的高山之巅和海底深渊。目前的数据显示，坠落地球的陨石物质总量（大约每年500万吨）比早期的估算多得多。而且，在过去的1,000万或1,500万年间，它们坠落的频率似乎也在变化。

——汉斯·彼得松（Hans Pettersson）

彼得松：瑞典海洋学家，1930年任瑞典哥德堡大学海洋学教授，1947～1948年任"信天翁号"海洋探险船船长，曾研究过海洋生物和地中海海底沉淀物，还设计出石英微量天平。

1960年 ● 光纤的崛起
⏱11月 NOVEMBER

最近，一种特殊类型的光导体已从没什么价值的小物件，转变成了重要的光学器材。它们由一束束非常纤细、柔韧的玻璃纤维制成，外面通常用其他类型的玻璃包裹。这些纤维束不但可以通过弯曲的路径传送光学图像，还能以多种有效方式转换图像。随着技术的进步，光纤必将更广泛地应用于不同的研究领域和工程领域。

——纳林德·辛格·卡帕尼（Narinder Singh Kapany）

译者注：卡帕尼，印度裔美籍物理学家。

1961年
⏰2月 FEBRUARY
● 蛋白质结构

　　只有把大量蛋白质的结构都弄清楚之后，生物化学家才有可能解决许多一直困扰他们的基本问题。对于蛋白质结构问题，化学方法无法提供一个完美的解答。肽链中肽键的组成顺序只是蛋白质结构的一个层面而已。每条肽链都会折叠盘曲，形成一种三维结构。对于蛋白质分子的生物活性而言，这种结构的重要性绝不亚于氨基酸序列。化学方法只能在一定程度上解析蛋白质的三维结构（也叫三级结构）。过去几年，蛋白质的空间结构之谜在X射线下已被逐步揭开。

——威廉·霍华德·斯坦（William Howard Stein），
斯坦福·摩尔（Stanford Moore）

编者注：因为对核糖核酸酶的研究，斯坦和摩尔获得了1972年诺贝尔化学奖。

1961年
⏰3月 MARCH
● 气候怀疑论

　　很遗憾，在刚刚过去的这个冬天出现的严寒，可能并不是一个偶然现象。1880年至今的大多数年份里，变暖一直是全球气候的主要趋势，但这种趋势似乎已经终结。美国气象局的小默里·米切尔（Murray Mitchell, Jr.）报告说，自20世纪40年代初以来，南半球和北半球的年平均气温均下降了0.2℉（约0.1℃）。在很多地方，气候条件已变得和20世纪20年代一样。气温的下降减轻了人们对"温室效应"的担心。所谓"温室效应"，是指由于化石燃料使用量的增加，大气中二氧化碳的含量不断上升，地球表面可能会积聚越来越多的太阳能。但气候变冷的原因尚不明确。

编者注：20世纪40年代到50年代日间气温下降的原因是，工业污染产生的雾霾反射了阳光。

●重力

一旦未来的实验能够证明反粒子的确具有负引力质量，等效原理将被推翻，这会对涉及引力的相对论从整体上造成致命打击。

在一个真正的引力场中，一个"反苹果"（antiapple）也许会向上"坠落"，但这在爱因斯坦的"加速飞船"中是无法实现的。如果能够实现，飞船外面的观察者会看到"反苹果"在没有任何外力的作用下，以两倍于飞船的加速度移动。因此，反重力一旦被发现，我们将不得不在牛顿的惯性定律和爱因斯坦的等效原理之间做出选择。笔者诚挚地希望这件事永远不要发生。

——乔治·伽莫夫

1961 年 6 月 JUNE ●光量子放大器

所有传统光源实际上都是噪声生成器，除了能发出杂乱的信号，没有其他任何用处。直到去年，光量子放大器横空出世，才让我们得以首次对光波的生成进行精确调控。尽管光量子放大器还是一种新兴技术，但它已经可以产生出强度极高、方向性极好的光束了。这些光束都是单色的，色彩纯度远高于其他光源，而且作为单频率信号源，上乘的光量子放大器已经能和精度最高的电子振荡器相媲美。这种新仪器的发展非常迅速，用不了多久就会在诸多领域一显身手。

——阿瑟·伦纳德·肖洛（Arthur Leonard Schawlow）

编者注：文中提到的技术就是今天所说的激光。因为在激光光谱学和高分辨率电子光谱研究上的杰出贡献，肖洛获得了1981年的诺贝尔物理学奖。

1961 年 ● 聚合物及其生产
🕐 8月 AUGUST

　　7年前，我们在米兰理工大学的实验室发现了"立体定向"催化过程，有了它，就能用丙烯这样简单的非对称碳氢化合物分子制造有规立构聚合物。去年美国新建了三座大型化工厂。今年年初，它们开始用我们的方法，及其他科学家发明的类似方法，大规模生产新型的有规立构聚丙烯聚合物。这个领域的进展十分迅速。仅在去年一年，我们的实验室就将立体定向聚合技术又向前推进了一步。这意味着用不了多少年，各种新型有规立构聚合物就将在实际应用中发挥重要作用。

　　　　　　　　　　　　——居里奥·纳塔（Giulio Natta）

编者注：纳塔是意大利化学家，在聚合反应催化剂研究上做出了很大贡献，与德国化学家卡尔·齐格勒共同获得1963年诺贝尔化学奖。文中提到的几种分子，目前都在塑料和橡胶的大规模商业生产中充当催化剂。

1961 年 ● 蛋白质结构
🕐 12月 DECEMBER

　　当时摆在我们眼前的是前人从未见过的东西：蛋白质分子的详细三维图像。这个有史以来第一幅蛋白质分子三维图像还只是个粗略的图像。两年之后，我们又像当初那样激动了一番。我们花了好几天时间将数据输入一台高速计算机，以便为同一个分子绘制出一幅更加精细的蛋白质三维图像。我们绘制的是肌红蛋白分子，图像清晰得可以推算出几乎所有2,600个原子的空间分布。

　　　　　　—— 约翰·考德里·肯德鲁（John Cowdery Kendrew）

编者注：肯德鲁因为对蛋白质分子结构的研究，在1962年获得诺贝尔化学奖。

1962 年
⏱ 3 月 MARCH
● 正确的红移

最近，法国天文学家撰写的一篇论文，有望使物理学界的一桩持续40多年的悬案尘埃落定。通过一次空前精确的测量，他们发现，太阳光在引力场中的红移和广义相对论的预测几乎完全一样。这个预测来自爱因斯坦提出的等效原理，即加速运动的效应和引力场的效应没有区别。

1962 年
⏱ 5 月 MAY
● 第一颗伽马射线卫星

过去近一年的时间里，我们用名叫"伽马射线"的超高能光子对宇宙投去了最微弱的一瞥。1961年4月27日，伽马射线"望远镜"由人造卫星"探索者十一号"（Explorer XI）送上轨道，并在宇宙中捕捉到了不到100个高能光子。正是这些光子为我们带来了那匆匆的一瞥。在人类的历史上，大概还从来没有人为了从宇宙中提取信息，对数量如此微小的粒子进行过如此透彻的分析。目前，在位于麻省理工学院的实验室中我们的分析工作仍在进行中，而我们只准备讨论22个样本。

——威廉·莱斯特·克劳斯哈尔（William Lester
Kraushaar），乔治·惠普尔·克拉克
（George Whipple Clark）

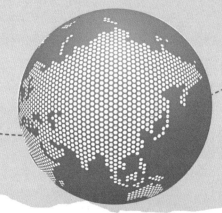

1962年
⏱6月 JUNE ●磁力跃进

　　在发电领域，无论是对于磁流体动力装置，还是对于受控核聚变，超导磁体都是一个特别吸引人的研究课题。它在受控核聚变中的应用最引人关注，或许也将是最重要的。在核聚变成为现实之前，还有许多问题要解决。其中的一个，就是如何将炽热的离子化气体，即等离子体，束缚在容器当中。由于等离子体的温度都高达上亿摄氏度，因此没法用任何物质盛放它。不过，磁场力却可以束缚它们。科学家目前想出的方案就包括用超导体来产生这样的磁场。

1963年
⏱4月 APRIL ●大陆漂移

　　1912年，阿尔弗雷德·韦格纳（Alfred Wegener）提出，各块大陆都是由一块超级大陆分裂而成的。他的想法一直没有被广泛接受，但是新的证据却显示，这个理论可能是正确的。目前在这个问题上人们的观点被分为明显的两派：一派认为，一直以来，地球都是刚性的，有着固定的大洲和大洋盆地；另一派则认为，地球稍具可塑性，各块大陆在它的表面缓慢漂移，并在这个过程中断裂、重组，也可能会发生扩张。目前，虽然第一派观点的拥护者更多，但是人们对大陆漂移的兴趣日渐浓厚。

● 光晶体管

在不久前，砷化镓晶体因为能制造出名为"激光器"的光放大装置而名声大噪，现在它又被用来制造与结型晶体管相似的光晶体管，以实现电信号的放大和转换。光晶体管的优势在于，光穿过基极的速度比电子快得多。传统晶体管如果要实现高速（或高频）操作，基极就必须做得非常薄，从而把信号的传输时间减到最少，但是薄的基极不易制作，成本也高。光晶体管则不必做得太薄。

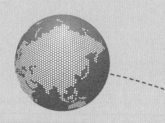

1963年
○6月 JUNE
● 地外行星

天文学家发现了一颗行星大小的"暗伴星"，它围绕一颗暗淡的恒星转动。该恒星位于蛇夫座，距地球约6光年。这个恒星系统的"太阳"是巴纳德星，主要因为它是天空中自行运动最大的恒星，此前就已为人所知。新发现的行星比木星大50%，由它的发现者——美国斯沃思莫尔学院的彼得·范德坎普（Peter van de Kamp）命名为"巴纳德星B"。范德坎普指出，虽然巴纳德星及其伴星是已知的第三个除我们之外的"太阳系"，但伴星小到足以确定地归为行星的，这还是第一个。

1963 年 ●激光通信
🕐 7 月 JULY

对于科技界来说，最近最引人注目的一种装置是光量子放大器，也就是现在常说的激光器。保守估计，仅在美国，目前就有大概500个研究团队在开发利用激光器。这些研究工作，都是朝着一个大方向前进：把激光用于通信系统。一个通信频道所能携带的信息量，通常和它的频率成正比，因此从理论上说，在波长从4,000到7,000埃的可见光区，应该可以容纳8,000万个电视频道。

——阿瑟·伦纳德·肖洛

1963 年 ●发现类星体
🕐 12 月 DECEMBER

今年上半年，天文学家们发现，银河系中的5个原本被归为暗星且较不常见的天体，可能是有史以来通过望远镜观察到的最令人匪夷所思的天体。它们根本不是暗星，而是极强的射电噪声发射源。此外，从光输出的最新估测结果来看，它们也有可能是宇宙中最亮的天体。人们对这些不常见天体的认识，发生如此戏剧性的变化，要归功于射电天文学家和光学天文学家之间卓有成效的合作。射电天文学家提供了这5个射电源的精确定位数据，光学天文学家则将其与威尔逊山天文台和帕洛玛山天文台制作的照相底片上的类似恒星的天体进行比对识别。鉴于它们的体形较小，也没有其他更好的名称，便被称作类星射电源。

方兴未艾的生物学与医学

1956年
5月 MAY

大脑决定天性

　　遗传对生物行为的形成到底起了多大的作用？至少对于低等脊椎动物，许多视觉感知能力，如方向感、空间定位能力、运动感知能力等，都是植根于生物体内的，并不需要通过后天的学习来获得。15年前，由于理论基础的缺乏，我们无法对动物先天行为的机制给出满意的解释，而现在关于生物本能和行为特征遗传的所有观点都更能被人接受。每个动物来到世间都带着它们物种本身的遗传性行为。正如它的生理结构一样，它的许多行为也都是进化的产物。

　　　　　　——罗杰·沃尔科特·斯佩里（Roger Wolcott Sperry）

编者注：斯佩里于1981年获得诺贝尔生理学或医学奖。

1957年 ● 流感病毒
2月 FEBRUARY

病毒颗粒的结构相对简单，也许有一天我们能全面了解它。对于正常的活细胞，我们了解得已经非常多了，但还远谈不上全面。细胞被病毒感染后，大大增加了问题的复杂性。当我们开始研究一个新现象，比如病毒增殖，生物学研究领域就会不断延伸，因为从其他研究中得到的有关细胞成分和功能的认识都已派不上用场。因此，目前对病毒感染细胞的任何描述，都显得过于简单，不能算是最终定论。准确地说，病毒不是通常意义上的独立生物体，而是某种生物模式。这种生物模式会通过相对不活跃的病毒颗粒从一个细胞转移到另一个细胞中。而在每次感染过程中，本身并不活跃的病毒颗粒都会在宿主细胞内获得新生。

——弗兰克·麦克法兰·伯内特爵士
（Sir Frank Macfarlane Burnet）

**环球科学
小词典**

伯内特：1899年生于澳大利亚维多利亚州，1928年在英国伦敦大学获得博士学位。1949年，伯内特提出"获得性免疫耐受性"的概念，引起了学术界的重视。1951年他被授封爵士爵位。1960年，因为创立了获得性免疫耐受性理论，伯内特与梅达沃分享了诺贝尔生理学或医学奖。

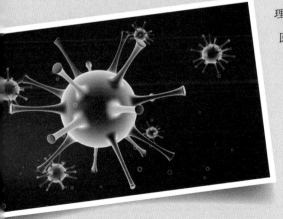

1957年 ●组织移植
⏲4月 APRIL

　　我们发现，有一种方法可以抑制同种移植反应：在动物还处于幼年阶段时，就给它注射供体（提供器官的机体）细胞，其中尤以脾脏细胞最为方便。在成年小鼠身上注射这种细胞，会增强小鼠对来自供体的移植器官的抵抗力。但如果在小鼠胚胎，或者刚刚出生的小鼠身上注射这种脾脏细胞，就会出现完全相反的情况：尽管对其他小鼠的同种移植器官仍然具有排斥性，但它已不会排斥提供了脾脏细胞的供体的移植器官。

　　　　　　　——彼得·布莱恩·梅达沃（Peter Brain Medawar）

**环球科学
小词典**

梅达沃：毕业于牛津大学，先后任英国伯明翰大学教授、伦敦国立医学研究所所长等职务。他用小白鼠做皮肤移植实验，发现了"获得性免疫耐受性"现象。他因这项研究与伯内特共享了1960年的诺贝尔生理学或医学奖。

1957年 ●小鼠的压力
⏲8月 AUGUST

　　在拥挤的生活环境里，镇静剂必不可少，至少对小鼠来说是这样。约翰斯·霍普金斯医学院的两名工作人员将一群小鼠关在一个小罐子里，只给一半的小鼠喂食眠尔通（很早以前的一种抗焦虑药物），而不给另一半喂食任何药物。半小时后，他们给所有的小鼠都注射了致命剂量的安非他明。实验结束时，未使用镇静剂的小鼠都死了，而使用过镇静剂的小鼠甚至连呼吸困难的症状都没有出现。

环球科学
小词典
ABC

安非他明：一种兴奋剂，可以引起心跳加剧、呼吸加快、血压升高、体温升高、出汗等症状，使人精力格外充沛、食欲减退、难以入睡，可能还会使人感到焦虑、烦躁、惊恐不安。经常使用会产生强烈的心理依赖，大量使用可致死。

1957年 ● DNA 复制
🕐 9月 SEPTEMBER

　　脱氧核糖核酸（DNA）是遗传物质，这已成定论。我们现在面临的问题是，DNA如何进行自我复制。在以前的文章中，我曾提出，DNA双螺旋结构也许能帮助我们找到答案。这一设想的基本原理如下：DNA的两条链完美地匹配在一起，就像一只手戴着合适的手套，如果用某种方法将它们分开，原来的手就成为制造新手套的模板，而原来的手套则是制造新手的模板。这样，一只戴着手套的手，就变成了两只戴着手套的手。从化学角度讲，我们可以推测，细胞内的单链可以按照碱基互补配对原则与模板链排列在一起。

——弗朗西斯·克里克（Francis Crick）

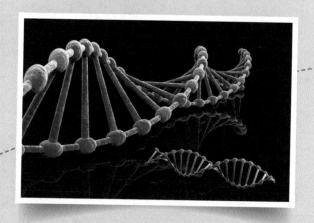

环球科学
小词典

克里克：英国著名生物学家。1953年4月，克里克和沃森公布了他们的重大发现——DNA 双螺旋结构。这一发现为现代生物学奠定了坚实的基础。1962年，克里克、沃森以及另一位科学家威尔金斯共同分享了当年的诺贝尔生理学或医学奖。

碱基互补配对原则：在DNA 分子结构中，碱基配对必须遵循一定的规律：腺嘌呤（A）一定与胸腺嘧啶（T）配对，鸟嘌呤（G）一定与胞嘧啶（C）配对，反之亦然。

1958 年 ● 铍元素
8月 AUGUST

铍
4
Be
9.0122

在医学史上，铍中毒是最吸引人、最矛盾、最让人头疼且最具争议的问题之一。直到现在，仍有医学界人士坚持认为铍不会致病。然而，来自临床调查、生物化学和毒理学研究的证据，却让我们不得不面对这样的事实：过去20年里，仅在美国，铍就导致了至少500例中毒事件。由于科学技术的迅猛发展，昔日的稀有金属如今已成为广泛使用的生产原料，而铍中毒事件使现代社会中的职业病问题更为突出。

1958年
🕐9月 SEPTEMBER

● **生物适应**

　　每当一个生物体出现新突变，或是其生活条件发生根本性变化时，生物学家常会感到茫然，无法判断该生物体的前景。他们只能等待和观察。例如，已从地球上消失的长毛猛犸是一种令人赞叹的动物——它们极其聪明、皮毛厚实。既然这种动物已经灭绝，科学家们就想尝试解开它们的消失之谜。我估计没有一个生物学家能够做出长毛猛犸会灭绝的预言。从本质上来说，适应和生存是对过去行为的评估。

——乔治·沃尔德（George Wald）

环球科学
小词典

沃尔德：美国生物学家，因对视网膜色素的研究而获得了1967年的诺贝尔生理学或医学奖。

1958年
🕐12月 DECEMBER

● **行为的进化**

　　就像一具远古动物的骸骨，可以反映今天所有哺乳动物的结构和形体特征，那么在各种个体行为的背后，是否也存在某种可以传承的行为模式，能够反映某个种、属或者更大类群的行为特征？答案是肯定的。让我们来看看下面的例子——它虽然看起来微不足道，但确实有助于回答这个问题。狗给嘴巴挠痒或鸟整理头部羽毛时，它们的动作非常相似。任何观察过狗和鸟的人都能发现这一点。有时，鸟也会用后肢（即爪子）挠痒——放低翅膀，把爪子伸到肩膀前面给头挠痒。也许有人会想，鸟其实根本不用放低翅膀，只要收起翅膀，爪子就可以碰到头了。鸟类为什么会做这种笨拙的挠痒动作？我能给出的唯一解释是，这是一种与生俱来的行为模式。

——康拉德·扎卡赖亚斯·洛伦茨（Konrad Zacharias Lorenz）

**环球科学
小词典**

ABC

洛伦茨：奥地利比较心理学家、动物习性学创始人。1973年，因为对动物行为模式的研究，而与奥地利科学家卡尔·冯·弗里施和英国科学家尼古拉斯·廷伯根共享诺贝尔生理学或医学奖。

1959 年 ● 蛾类的进化
🕐 3 月　MARCH

几十年前，为了适应周围环境，某些蛾类体色很浅。这样的体色与浅色树干及被地衣覆盖的岩石的背景色很相似，这样在白天它们就可以长时间栖息在树干和岩石上面而不被捕食者发觉。但如今在很多地方，这些蛾子大部分已变成黑色！从18世纪后期的工业革命开始到现在，地球上的大部分区域已被肉眼难以觉察的烟尘所污染。一旦某种蛾子（如桦尺蛾）因生存环境发生变化而无法在白天隐藏自己时，它们就必须产生突变以适应新环境，否则就会被捕食者"赶尽杀绝"。

——哈里·伯纳德·戴维斯·凯特威尔（Henry Bernard Davis Kettlewell）

译者注：凯特威尔，英国生物学家，主要研究工业革命对蛾类自然选择的影响。

1959 年 ● 光的颜色
🕐 5 月　MAY

研究色觉的学生，都会对眼睛那敏锐的辨别力惊叹不已。凭借这样的能力，眼睛可以对各种刺激做出反应。最近，我和同事发现，眼睛的识别机制远比我们想象的更加奇妙。眼睛能分辨极其细微的差异。它每天都能接收到海量信息，但只会使用其中一部分——从一大堆原本单调而无色的信息来源中，挑选出有用信息，打造一个五彩世界。

——埃德温·兰德（Edwin Land）

编者注：兰德，宝丽来公司创始人。

1959年 ●自我复制
6月 JUNE

　　在大多数人看来，制造能够自我复制的机器是不可能的。人们把这类机器归入永动机的范畴。但我和罗杰·彭罗斯（Roger Penrose）提出了一种全新的方法，在预制单元不局限于轮子、光电池这类物品的情况下解决这个问题。我们的想法是设计（如果可能的话，还要制造）一些简单的、有此特性的单元或零件，用于生产能够自我复制的机器。

　　　　　　　　——莱昂内尔·沙普尔斯·彭罗斯（Lionel Sharples
　　　　　　　　　　　　　　　　　　　　　　　　　Penrose）

**环球科学
小词典**

彭罗斯：英国人类遗传学家。他的儿子罗杰·彭罗斯是英国物理学家，曾发表《引力坍塌和时空奇点》等一系列著名论文，并与另一位英国物理学家斯蒂芬·霍金一起创立了现代宇宙论的数学结构理论。

1959年 ●生物碱
7月 JULY

　　很早以前，人们就开始用生物碱（比如吗啡与咖啡因）制造药品、毒剂以及致幻类药物。在以自我为中心的世界观引导下，我们一直认为，对于能够合成生物碱的植物，这类化学物质起着相对重要的作用。而令人惊讶的是，对大部分植物而言，生物碱其实并没有什么重要功能。大体上，它只是植物的组织在新陈代谢过程中的副产品。

1959年 ● 辐射
9月 SEPTEMBER

人们应该如何看待电离辐射？在可预期的未来，电离辐射将一直伴随人类。由于自然选择的作用，人类基因体系已适应了正常的背景辐射。但额外的辐射仍会增加突变概率，而大部分突变都是有害的。不仅大剂量的辐射会增加恶性肿瘤的患病率，小剂量辐射也可能导致同样的结果。考虑到这些潜在的危害，我们必须采取合理措施，把电离辐射水平降至最低，达到人体能承受的程度。人们应该认识到，核武器试验释放的放射性沉降物，会使全球的辐射量小幅增加。因此，核试验应该立即停止。

——乔治·威尔斯·比德尔（George Wells Beadle）

环球科学
小词典
ABC

比德尔：美国遗传学家。1958年，他和合作者爱德华·塔特姆因为揭示基因的基本功能，提出"一个基因一种酶"的假说而获得诺贝尔生理学或医学奖。

1959年 ● 肾移植
10月 OCTOBER

同卵双胞胎间的肾移植表明，只要没有免疫屏障就能进行肾移植，治愈以往无法治愈的肾脏和血管类疾病。我们把一个健康人的肾移植给他患有严重尿毒症的兄弟。虽然他俩并非同卵双胞胎，但我们希望他们的血缘关系可以提高免疫相容性。接受器官移植后，患者都要接受大剂量X射线照射，以大幅削弱网状内皮组织的功能。网状内皮系统恢复功能的过程中，也许会"被迫"适应新抗原和移植的肾脏。现在对这次移植手术做出全面评估还为时过早，但初步看来，手术还算成功。

——约翰·帕特南·梅里尔（John Putnam Merrill）

译者注：梅里尔，肾脏病学创始人。

1959年 11月 NOVEMBER ● 神经发育

对于面部神经受损后进行神经再生的病人，医生不再鼓励他们通过训练重获对面部表情的控制力，而是建议他们抑制所有表情，以做到面无表情，这样能使两侧的面部表情更为协调。在身体其他部位神经受损的病例中，原有的恢复身体协调性的方法同样受到了质疑。上述治疗理念的转变反映了人们对整个神经系统认识的改变。根据新的认识，协调身体各部位所需的神经系统在胚胎发育期间就已经出现。

——罗杰·沃尔科特·斯佩里（Roger Wolcott Sperry）

环球科学小词典

斯佩里：美国著名神经生理学家，出生于康涅狄格州。由于对大脑半球研究的贡献，他获得了1981年的诺贝尔生理学或医学奖。

● 第一个工具制作者

在非洲坦噶尼喀的奥杜瓦伊峡谷，路易斯·西摩·巴泽特·利基（Louis Seymour Bazett Leakey）发现了一个几乎完整的头骨，这一发现也许"能把南非猿人（南方古猿和傍人）和我们所知的真正人类联系起来"。利基认为，该头骨的年代介于60万～100万年前。如果在美国加利福尼亚大学即将进行的放射性年代检测能证实他的推测，那么这个头骨的"主人"就是目前所知的最古老的工具制造者。这是一个18岁左右的猿人的头骨，和一些奥杜威原始石器文化的遗存一同被发现。据利基讲，该头骨在某些方面（大牙齿和上腭）比南方古猿更原始，但在其他方面更接近于智人。

译者注：该头骨化石最终定名为鲍氏傍人。

1959年●人体脂肪
12月 DECEMBER

很多作者会将暴饮暴食等同于体重增长，而不去解释为什么。然而，要认识肥胖，就必须弄清楚体重增长的机制。最近的研究表明，脂肪组织的功能不仅是储藏多余食物，还会积极参与人体新陈代谢。即便一个人的体重没怎么变化，饮食中相当一部分糖和淀粉也会转化成脂肪。通过根据功能细胞的需求调节脂肪酸的释放量，脂肪组织可以控制能量消耗。此外，脂肪组织还会对激素做出反应，将自身功能融入相互协调的人体工作网络中。由于脂肪组织的这些生理机制都会受到肥胖的影响，把暴饮暴食看作肥胖的唯一原因似乎并不准确。

——文森特·多尔（Vincent Dole）

环球科学
小 词 典

多尔：美国生物学家，他对肾脏、高血压和肥胖患者代谢紊乱的研究，为科学家研究成瘾机制和相关药物奠定了坚实基础。

1960年 ●辐射剂量
4月 APRIL

　　对破坏哺乳动物细胞增殖功能所需的平均致死剂量的最新测定，也许可以解释整个机体的平均致死剂量为何仅有 400～500 伦琴（1 伦琴=2.58×10^{-4}库仑/千克）。在这种辐射剂量下，动物体内仅有 0.5% 的细胞还能增殖。不过，细胞不会立即死亡。每个细胞吸收的辐射能量都极其微小。尽管染色体受到较严重的破坏，但总的来说，细胞内的各种酶仍然具有活性。这些细胞在开始增殖之前，仍会继续发挥其正常的生理功能。但在接下来的一两次分裂中，细胞增殖将以失败告终。

——西奥多·特德·帕克（Theodore Ted Puck）

环球科学
小 词 典

帕克：美国著名遗传学家。他是最早研究体细胞遗传学和单细胞增殖的科学家之一，这些研究为现代遗传学奠定了基础。

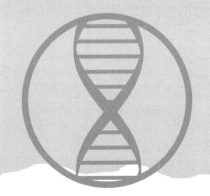

1960年 ● 婴儿死亡率
7月 JULY

　　根据美国人口统计局的森山岩（Iwao Moriyama）的一项研究，经过长时间的急剧下降后，美国婴儿的死亡率在过去几年趋向平稳。1956年，婴儿死亡率创下了最低纪录：每1,000个新生婴儿中，有26个死亡。此后，某些州的婴儿死亡率还略有上涨。在一岁以下的婴儿中，死亡率下降大部分是由于传染病得到控制，这些传染病主要是流感和肺炎。1946年，青霉素成为大众药品后，传染病致死率下降了30%左右。然而，在一个月到一岁大的婴儿中，约有半数的死亡仍是由传染病导致的。更小婴儿的死亡率则反映出，大量死亡都是由先天畸形、产伤、产后缺氧及早产等非传染病因素所致。

1960年 ● 人类的进化
9月 SEPTEMBER

　　突变、有性重组和自然选择导致了智人的出现。智人之前的人属成员其实已经初步具备制造工具、使用工具和传播文化的能力，但接下来的进化却发生了极大的飞跃，产生了一种与之前的人属成员不同的物种——智人。于是，地球上就出现了这样一种生物：它们掌握了技术，知道如何用符号交流，由此创造出了一种超有机体文化（supraorganic culture）。其他生物都得根据周围环境改变基因，然后才能适应环境。人类，也只有人类，能通过改造环境来适应自己的基因。他们的基因使他们能够发明新工具，改变自己的观点、目标和行为，获取新的知识和智慧。

　　——西奥多修斯·杜布赞斯基（Theodosius Dobzhansky）

**环球科学
小词典**

杜布赞斯基：美国遗传学家，他在建立进化遗传学上做出了重要贡献。在《遗传及物种起源》一书中，他将达尔文的进化论和孟德尔的遗传变异理论进行了结合。后来，杜布赞斯基的进化理论被称为综合进化论。

超有机体：一个由许多有机体组成的有机体系，通常由社会性动物构成。在这个体系中，社会分工高度专业化，个体无法独自长时间地生存。蚂蚁就是一个典型的超有机体实例。

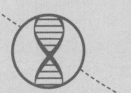

1960年
⏱10月 OCTOBER
●疫苗争议

　　尽管还会受到一定的限制，但从明年春天开始，美国辛辛那提大学艾伯特·布鲁斯·萨宾（Albert Bruce Sabin）发明的脊髓灰质炎疫苗将成为美国的常规疫苗。每家具有疫苗生产资质的制药公司，都将获得商业化生产这类疫苗的许可证。在此之前，萨宾疫苗曾引发了一场长达10年的激烈论战，论战双方分别是活病毒疫苗的支持者和灭活的索尔克疫苗的支持者。前者认为，比起灭活疫苗，活病毒疫苗中含有为了消除瘫痪风险而将毒性减弱的脊髓灰质炎活病毒，能使人体对麻痹型脊髓灰质炎产生更强更持久的抵抗力。而且，活病毒疫苗接种更简单，可以直接口服，而索尔克疫苗必须以注射的方式接种。

编者注：在随后40年里，萨宾疫苗一直是美国的常规疫苗。但从2000年起，一种经过改良的索尔克疫苗成为美国使用的唯一一种脊髓灰质炎疫苗。

1960 年 ● 进化与行为
🕐 12 月 DECEMBER

　　海鸥是群居动物，它们一年到头都聚在一起觅食，在繁殖季节又会一起筑巢。没有任何外界力量迫使海鸥采取这种行为模式。它们聚集在一起生活，是因为彼此回应。海鸥的群居以及经常性的合作行为是通过交流实现的。群体中的每个成员通过展示自己独特的叫声、姿势、动作和颜色，引起其他种群成员做出恰当反应。既然在这些关系紧密的海鸥中，特征上的差异并非由环境导致，而是与生俱来的，这就清楚地说明，它们的现存差异必然是因为进化趋异而出现的。

　　　　　　　　——尼古拉斯·廷伯根（Nikolaas Tinbergen）

编者注：廷伯根因对动物社会行为的研究而获得1973年诺贝尔生理学或医学奖。

1961 年 ● 免疫机制
🕐 1 月 JANUARY

　　尽管免疫接种的实际问题已经解决，但免疫学仍是医学的一个重要分支。然而，如何更有效地使人们对白喉或骨髓灰质炎产生免疫力，已不再是免疫学家关注的重点。他们现在关注的是，当人们获得免疫力后会发生什么。免疫学家提出的问题比过去更加复杂。例如：为什么外科医生能把人体某一部位的皮肤或组织移植到另一个部位，却无法将这些皮肤或组织移植到另一个人身上，除非两者是同卵双胞胎？对于诸如此类的复杂问题，现代的免疫学理论至少应该给出一些暂时性答案。

——弗兰克·麦克法兰·伯内特爵士

1961 年 ● 病毒基因
🕐 6 月 JUNE

　　就在几年前，科学家都还毫不迟疑地把病毒遗传学和细胞遗传学看作泾渭分明的两个研究领域。现在我们已经明白，病毒遗传学和非病毒遗传学之间的界限是很难划定的，甚至连这一界限存在的意义都值得怀疑。实际上，在细菌的"正常"遗传结构和典型细菌病毒的遗传结构之间，似乎还存在着各式各样的过渡类型。我们实验室的几个新近发现表明，以前认为是互不相干的现象，在深层次上可能是一回事。

——弗朗索瓦·雅各布（François Jacob），安德烈·利沃夫（André Lwoff），雅克·莫诺（Jacques Monod）

译者注：莫诺、雅各布和利沃夫三人一起发现了蛋白质在转录过程中所扮演的调节角色，也就是后来著名的乳糖操纵子，因而共享了1965年诺贝尔生理学或医学奖。

1961 年 9月 SEPTEMBER ● 神经细胞的"对话"

迄今为止，我们对神经抑制的确切机制仍然不清楚，尽管这广泛存在于神经系统内，而且是最奇特的神经活动模式之一。神经抑制是指，一个神经脉冲对相邻的神经细胞起阻碍作用，防止可能会在同一时间，通过其他通道传来的兴奋信号激活该神经细胞。这种沿着抑制性轴突传播的神经脉冲，与兴奋性轴突上的神经电信号是无法区分的，不过两种神经信号在轴突上引发的物理化学反应肯定会有所不同。

——伯纳德·卡茨（Bernard Katz）

编者注：卡茨获得了1970年诺贝尔生理学或医学奖。

1962 年 7月 JULY ● 假想核战

1962年5月31日的《新英格兰医学杂志》（*The New England Journal of Medicine*）详细论述了在假想的核战中，2,000万吨级的核弹落在波士顿会造成什么后果："传染病的传播媒介在核爆中受到的打击或许不像人类那么大。在这种情况下，东方马脑炎、肝炎、脊髓灰质炎等地方性疾病会轻易传播开来。"届时，死者遗体的及时处理对于流行病及其传播媒介，如苍蝇和啮齿类动物的控制，都是不可或缺的；对人们心理造成的影响虽然不那么明显，但同样重要。几位作者引用了民防动员办公室的一项研究，并一致认为"必须在摧毁后的城市开展疾病防治工作，进行隔离检疫"。

● 鲨鱼来袭

　　最近几项实验获得的数据，或许可以给那些在大洋中游泳、裸潜、乘坐小船航海，以及敢于在大海中冒险的人提个醒：迄今为止，我们还没有绝对可靠的办法，在开放水域防范鲨鱼。人们一直认为鲨鱼有高超的本领，往往能在很远的地方锁定猎物。研究人员因此把目光集中在了鲨鱼的感觉器官上（见下图），想确定这些感官是如何指导捕食行为的。

——佩里·吉尔伯特（Perry Gilbert）

康奈尔大学的佩里·吉尔伯特博士正在查看一头麻醉的灰鲭鲨的眼睛（麻药的效果将在20分钟后开始消退）（1962年）。

1962年
⏱8月 AUGUST ●蜜蜂的语言

　　过去近20年里，我和同事一直在研究自然演化出的最奇妙的通信系统之一：蜜蜂的"语言"。这种语言其实是一套舞蹈动作，采集蜂用这套动作，将同伴精确引导至食物源。研究之初，我们致力于寻找这些昆虫相互沟通的手段；找到之后，就要尝试解读。我们后来发现，不同种类的蜜蜂在舞蹈时都遵循相同的基本模式，只是具体动作略有不同；可以说，它们是在讲不同的"方言"。有了这一发现，我们开始观察其他物种的舞蹈动作，希望能够揭示出这种异常复杂的行为是如何演化出来的。

——卡尔·冯·弗里施（Karl von Frisch）

编者注：弗里施获得了1973年诺贝尔生理学或医学奖。

1962年
⏱9月 SEPTEMBER ●南极动物

　　长期以来人们都认为，在南极大陆宽广冰架下的大面积水域——比如罗斯海和威德尔海——没有生物存在。但最近人们开始怀疑这个说法：在这些水域发现了以槽背鱼为主的大型鱼类和海底无脊椎动物。这些生物有的被冻在海底，有的在位于麦克默多湾的美国南极站附近现身。在那里，它们被冰冻在寒风呼啸的罗斯冰架上，位置远高出海平面。这些出现在100英尺（约30.5米）厚的冰架顶部的生物残骸，显然是在冰架接触海床时被冻在冰架底部的。初步的碳14测定结果显示，这些标本从冰架底部上升到顶部，需要大约1,100年。

1962 年 ● 克里克论遗传密码
🕐 10 月 OCTOBER

核酸基本组成单位是4种核苷酸，它们组合在一起，形成一条多核苷酸链。在这条主链上，还连接着4种名为"碱基"的化学基团。碱基是按一定间隔排列的，但排列顺序多种多样。我们认为，正是这些特定的排列顺序携带着遗传信息。这样一来，遗传密码的问题，就可以更准确地转述为另一个问题，那就是核酸中4种碱基的序列如何决定了蛋白质中20种氨基酸的序列。

——弗朗西斯·克里克

1963 年 ● 化学通信
🕐 5 月 MAY

其他星球可能存在一些文明社会，社会成员以或闻或尝的方式，通过化学物质进行交流。虽然这看起来不太现实，但并不能排除理论上的可能性。要设计出一个能够大量、高效地传播信息的化学通信系统，至少在理论上并不困难。在我们看来，这样一个通信系统当然很奇怪，因为我们的观念受到了我们独特的听觉和视觉结构的局限。这种观念的局限甚至在研究动物行为的学者当中也有体现：他们更喜欢那些交流方式和我们相似，因而更容易分析的动物。但有一点是越来越清楚了，那就是化学系统才是许多动物，或许还是大多数动物交流的主要方式。

——爱德华·奥斯本·威尔逊（Edward Osborne Wilson）
译者注：威尔逊，美国生物学家，社会生物学奠基人。

1963 年 ● 高血压的根源
🕐 10 月 OCTOBER

　　哈佛大学公共卫生学院的诺曼·斯科奇（Norman Scotch）
对南非祖鲁人的高血压问题进行了研究，结果发现，在祖鲁人
中，城市居民比农村居民患高血压的概率大得多。起初，斯科
奇将这种差异归结为城市中更大、更多样的压力。城市中，南
非种族隔离制度使得由城市生活及部落解体带来的可预期的压
力变得十分复杂。但总体而言，斯科奇认为城市化本身未必是
压力之源。他说："症结不在变化，而是对变化适应与否。"他
还指出，那些"遵从传统文化，并因此跟不上城市生活节奏的
人"是最容易患高血压的。

1963 年 ● 脑中的景象
🕐 11 月 NOVEMBER

　　神经系统的大部分结构都太过复杂，难以弄清它们的功
能。解决这个难题的一种方法是在麻醉的动物体内安装微电
极，并记录它们的神经脉冲：首先记下从神经纤维到某个神
经元的脉冲，再记下神经元向神经纤维发出的脉冲。通过比
较负责传入和传出神经脉冲的神经纤维，就可以基本了解这
个神经元的作用。将这种方法应用到和视觉有关的各个大脑
部位上，就有望了解整个视觉系统的运作原理。这就是威泽
尔（Wiesel）和我所采用的方法；我们主要研究的是猫的视觉
系统。

　　　　　　　　——戴维·亨特·休布尔（David Hunter Hubel）
编者注：休布尔因为上述研究和威泽尔共享了1981年的诺贝
尔生理学或医学奖。

核阴影笼罩下的人与社会

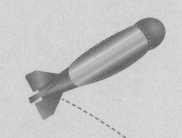

 1956年
3月 MARCH

地球巨变

伊曼纽尔·韦利科夫斯基（Immanuel Velikovsky）的地球历史非传统新解释系列的第三部已经出版。浏览几页后你就会发现，它和前两部一样，完全是废话连篇。在1950年，该系列的第一部——《碰撞中的世界》（*Worlds in Collision*）出版之后，群情高涨：科学家称，伊曼纽尔·韦利科夫斯基疯了；出版商说，科学家们太狭隘了；伊曼纽尔·韦利科夫斯基暗示自己是一个殉道的天才；普通大众则完全被搞糊涂了。但是，一场科学的辩论是科学家与科学家之间的辩论，而不是科学家为了书籍护封上的大肆吹捧与社论主笔、文学评论家和广告文案撰写人的辩论。

 环球科学小词典

韦利科夫斯基事件：科学史上的重要争论。1950年，韦利科夫斯基出版了他的《碰撞中的世界》一书，提出天体碰撞引起的全球灾变促成了古代人类的信仰。这一说法在科学界引起了极大的争议，其中，最有代表性的意见来自哈里森·布朗。《科学美国人》杂志在1956年连续登载了哈里森·布朗批判韦利科夫斯基的一系列文章，并拒绝为韦利科夫斯基的书刊登广告。

1956年
11月 NOVEMBER

● "竞赛" 研究

　　我们在研究中提出的假设是：两个团队的目标彼此冲突时，也就是说，当一组的目标必须通过击败另一组来实现时，即便团队的每一个成员平时都有良好的自我调节能力，两队成员之间也会彼此敌视。为了引起冲突，我们安排了棒球、橄榄球、拔河以及寻宝游戏等比赛。双方队员在比赛初期展现出良好的体育精神。但随着比赛的进行，良好的氛围迅速消失。队员们逐渐称对手为"臭蛋"、"小贼"和"骗子"。彼此敌视的两个团队开始制作威胁海报，制定突袭计划，将青苹果秘密储藏起来用作"弹药"。

　　　　　　　　　——穆扎费尔·谢里夫（Muzafer Sherif）

**环球科学
小 词 典**

谢里夫：社会心理学的创始人之一。他在群体行为方面的研究成果，在今天仍然具有参考价值。这里描述的是谢里夫在上世纪50年代进行的一项实验。当时他把一群小孩分为两组，分组后的小孩相互之间产生了敌对情绪，甚至发生了冲突。

1956年
12月 DECEMBER

● 折纸游戏

　　数学从游戏中获益颇多，游戏中也往往蕴含着数学。折纸是一个迷人的小游戏，道具只是一些纸条。但就是这样一个小游戏，却让许多绝顶聪明的人物沉迷其中。这一游戏是美国普林斯顿大学数学系的一个英国学生在闲暇时发明的。游戏的灵感来自于一个琐碎的生活细节——英美笔记本的纸张大小不一。

　　　　　　　　　——马丁·加德纳（Martin Gardner）

**环球科学
小词典**

ABC

加德纳：美国著名的数学科普作家。1936年，他毕业于芝加哥大学哲学系。1957年，加德纳在《科学美国人》杂志上开设了一个数学游戏专栏，这个专栏一直延续了1/4个世纪，直到1981年才宣告结束。正是这个专栏奠定了加德纳在趣味数学领域的地位。本文是加德纳为《科学美国人》所撰写的第一篇文章。

折纸游戏：折纸的对象是一个正方形的纸张，游戏者用这张纸来折一个三维物体。如果折出了新的东西，那么游戏者就把这个立体摊开并研究留在正方形纸上的折痕。这个过程包含了维数的变动，一个二维物体到三维物体，又回到二维，留在正方形的纸张上的折痕揭示出大量几何的对象和性质：相似、轴对称、心对称、全等、相似形、比例，以及类似于几何分形结构的迭代。

1957年 1月 JANUARY ● 厌倦

在这个半自动化的时代，不仅是军事人员，就连工厂里工人的工作也变得单调而乏味——只是长时间地盯着仪器。在这样枯燥的工作环境中，人类行为的问题变得越发尖锐。1951年，加拿大麦吉尔大学的心理学家唐纳德·奥尔丁·赫布（Donald Olding Hebb）获得了加拿大国防研究部的资助，开始系统地研究这一问题。研究结果显示，长期在单调的环境中工作，会产生恶劣的后果：思维能力受损，情绪反应幼稚，视觉认知受扰，甚至产生幻觉，脑电波的波形亦会发生改变。

1957年 3月 MARCH ● 儿童和物理学

1928年的一天，当我向爱因斯坦展示一些有关因果关系的试验时，他向我提出了这样一些问题：小孩子是怎样理解

速度的？他们能明白距离与时间之间的函数关系吗？孩子对速度的理解是不是更简单，也更直观呢？在那之后，我做了一个简单的试验，结果显示，孩子并不是根据距离与时间的关系来理解速度的。试验时，我们在孩子面前摆放了两条长短明显不同的轨道，上面各放一个玩具娃娃，再用金属棒推动玩具娃娃向前滑动，让它们同时到达轨道尽头。然后向孩子提问：

"是不是一条轨道长，一条轨道短？"

"是的，那条长。"

"两个玩具娃娃在轨道上的速度是一样快，还是一个比另一个快？"

"一样快。"

"为什么？"

"因为它们同时到达终点。"

——让·皮亚杰（Jean Piaget）

1957年 ● 机器劳工
5月 MAY

"自动化"是媒体新创的一个名词，然而按照英国工业技术领域的权威专家霍尔斯伯里伯爵（Earl of Halsbury）的说法，由于媒体的误导，这个词成为了"恐慌的根源"。人们普遍认为，工业自动化进程"会导致大范围的失业"。霍尔斯伯里伯爵试图改变人们的这种看法。他在英国《冲击报》（*Impact*）上撰文指出，机械的操作和维护都需要训练有素的专业人员。因自动化而受到影响的，主要是没有任何技能的工人，但这部分人本来就经常更换工作。其实，霍尔斯伯里伯爵担心的是自动化影响不到的阶层，比如煤矿工人、搬运工和其他一些从事重体力劳动的人，他们为社会辛勤工作而社会却不知道该如何减轻他们的负担。

1957年 8月 AUGUST ● 道路数据

今天，机动车事故和流行病一样，已成为大规模调研的对象。美国陆军部、美国医学会和其他一些重要机构，调查了公路收费站的设计、卡车司机的个人品行等可能导致车祸的多个因素。调查取得的重要发现包括：镇静类药物会导致司机反应迟钝；宿醉的不良反应会持续18小时——在此期间，事故隐患一直存在，即便喝咖啡提神也无济于事。

1957年 9月 SEPTEMBER ● 帕格沃什会议

1957年7月，在加拿大新斯科舍省的帕格沃什村，来自美国、苏联、中国、日本等10个国家的22位科学家，花费了6天时间探讨"大规模杀伤性武器的发展对人类的威胁"。为本次会议提供赞助的是美国克利夫兰市的企业家赛勒斯·伊顿（Cyrus Eaton），帕格沃什村是他的出生地。这次会议响应了爱因斯坦和伯特兰·罗素（Bertrand Russell）在两年前发出的呼吁。会议初始，科学家们便已达成一致："讨论时，应回避具有意识形态偏见的言论，不偏袒世界两大阵营中的任何一方。"

环球科学
ABC 小词典

《罗素–爱因斯坦宣言》：1955年7月9日，英国著名哲学家罗素在伦敦公布了由他亲自起草的、包括爱因斯坦在内的其他10位著名科学家联名签署的《罗素–爱因斯坦宣言》，呼吁世界和平，反对核战争。宣言的发表促成了一次重要会议——帕格沃什科学与世界事务会议，并引发了著名的帕格沃什运动——一场以科学家为主导的、反对核武器和战争的国际和平运动。

1958 年 ● 磷虾
🕐 1月 JANUARY

由捕鲸的经验我们认识到，海洋生物可以带来很好的经济效益。在精力最旺盛的时期，南极的鲸会吃掉2.7亿吨磷虾——这一数字甚至超过了美国人全年消费的磷虾量。越来越多的迹象显示，磷虾的缺乏只是暂时的。历史上最大的捕鲸舰队现已开始在南极海域作业。这支舰队共有250艘船和16,000名船员，他们的捕猎对象主要是长须鲸。如果有一天长须鲸也像蓝鲸和座头鲸那样濒临灭绝，捕鲸者们也许会发现，磷虾变成了他们的捕捉对象。

1958 年 ● 核能经济
🕐 3月 MARCH

当核能技术发展到一定程度，如何妥善处理核反应堆产生的大量放射性残留物，就成为一个重要课题。上个月，美国科学院的一个委员会在一份报告中提到了核废料的处理情况。放射性核废料的处理过程需要大量花销：首先是暂时储存，以"冷却"废料；接下来便是提取长寿命同位素；最后才能将废料运送到偏远的储存点，进行最终处理。报告指出，在该过程中的花费，将对核能经济造成重要影响。

● 长度标准

在法国塞夫尔（Sèvres），"铂铱合金米原器"被确立为全世界理论上检测长度的基准，但它也许很快就会失去"尊贵"

地位而被丢进熔炉，重新成为制作婚戒的原料。一个定义长度 "米"的国际咨询委员会建议，使用原子标准——氪86的橘红色谱线来定义长度。这样一来，"米"就可以被定义为该波长的1,650,763.73倍。这条氪的谱线是目前用于长度测量的最精确的单位。

1958 年 ● 自我
5 月 MAY

　　世界上，大部分人都生活在一堵"墙"或一层"烟幕"后，以求或多或少地掩盖自己的真实思想、情感、信仰、欲望和好恶。揭露自我并不容易，先不说我们愿不愿意这样做，即便是在自愿的情况下，人们也无法做到彻底揭露自我。原因就在于，人们对真实的自我并不了解——自己真正想要什么，真实的感觉是什么，自己到底信仰什么。卡伦·霍妮（Karen Horney）把这种对自己感到陌生的现象称作"自我异化"，它具有神经症的某些症状。在现代社会，"自我异化"现象日益普遍。为了了解自己，越来越多的人开始寻求精神分析学家的帮助。

1958 年 ● 牛的资源
6 月 JUNE

　　虽然在数量上牛不如羊多，而且在很多人心目中的地位，牛排在马和狗之后，但谁也不能否认，在所有为人所用的牲畜中，牛是最重要的。其他动物都无法像牛这样，为人类做出如此多的贡献。对欧美消费者来说，牛代表着牛肉、小牛肉、牛奶、牛油、奶酪和皮革，通过这些还能生产出激

素、维生素、用作饲料和肥料的骨粉、喂养家畜的高浓缩蛋白等副产品。不过，在全球8亿头牛中，超过1/3都主要作为畜力，用来耕地、拉车和推磨。

产自印度的牛（1958年）

1958年 ●隐性广告
8月 AUGUST

　　一家商业研究机构宣称，在电影院里，"潜意识"刺激可提高爆米花和可口可乐的销量。上个月，美国密歇根大学的三位心理学家在《美国心理学家》（*The American Psychologist*）杂志上发表文章，从技术和道德层面阐述了自己对隐性广告的看法。他们认为，"电影院实验"的目的令人寻味，而且这样的实验存在很多不确定因素，因此实验结果也值得怀疑。他们还指出，从职业道德上讲，心理学技术不能用于非正当目的。公众对隐性广告的排斥，还会牵连无辜的心理学家，让他们在公众心目中的形象大打折扣。

1958年 ●聚变
10月 OCTOBER

　　在上个月举行的第二次日内瓦原子能会议上，核聚变反应成为主要议题。就研究中遇到的重点难点问题，与会科学家进行了大量正式与非正式的深入讨论。会上，英国、美国和苏联展示了精密的实验装置，这说明主要核大国已启动大规模核研究项目，不过相关信息还处于保密阶段。美国还首次公开了数项研究成果，其中就包括"仿星器"。它是美国普林斯顿大学马特洪恩计划的成果之一，体现了1951年以来我们在理论和实验研究中取得的巨大进步。

——小莱曼·斯皮策（Lyman Spitzer, Jr）

环球科学小词典

斯皮策：美国物理学家，被誉为20世纪最伟大的科学家之一。他在恒星动力学、等离子物理学、热核聚变、空间天文学等领域做出了巨大的贡献。另外，他是首个提出在外太空安置大型望远镜的科学家，也是推动哈勃望远镜研制的科学家之一。

马特洪恩计划：受控热核研究计划的代号，该计划于1951年由美国普林斯顿大学启动，首席科学家是斯皮策。在计划启动之初，斯皮策便提出了构建仿星器的构想，用于限制和加热离子化氢气，以释放聚变能。

1958年 11月 NOVEMBER ● 油井耗资

到目前为止，这口深达20,000英尺（约6,100米）的油井，已耗资超过200万美元。按照一桶原油3美元计算，只有含油量丰富的油井才能达到收支平衡。如果只是进行探索性钻探，这样的耗资就显得更加可怕了。按照当前的钻探技术和我们的经济能力，25,000英尺（约7,600米）的钻探已接近极限。况且，有些地区的沉积岩地层厚达40,000英尺（约12,200米），根据目前的地质学研究，在这样深的地方没有理由发现不了石油。如果要满足快速增长的对石油产品的需求，我们必须找到钻探和开发这些地层的新方法。

1958年 ● 机器教学
🕐 12月 DECEMBER

　　教学能够机械化吗？哈佛大学心理学家博勒斯·弗雷德里克·斯金纳（Burrhus Frederic Skinner）认为，如果要满足全球日益增长的教育需求，就必须把机械化引入教学。为此，他设计并制作了一些"教学机器"。与传统声像教具一样，教师不但可以借助斯金纳的机器向学生传授知识，还能检测学生们对知识的"消化"程度。斯金纳和同事已经将这种机器应用到人类行为学的部分课程中，近200名哈佛大学和拉德克利夫学院的本科生体验了这种教学模式。

译者注：斯金纳，美国著名行为主义心理学家，认为学习的实质是"操作性条件反射"，主张用正确的反馈培养人才。

1959年 ● 电话里的声音
🕐 1月 JANUARY

　　"你好，我是克拉伦斯·达罗（Clarence Darrow），"电话的另一端传来这样的声音，"如果你已经看了报纸，就该知道布赖恩（Bryan，反进化论的著名律师）的全班人马正在起诉年轻教师斯科普斯（Scopes），而马隆（Malone）、科尔比（Colby）和我为了替他辩护而忙成一团。我们对进化论知之甚少，也不知道应该找谁做证人。但我们和你一样，为学术自由而战斗。目前，我们迫切需要学术界的帮助，不知道你能否派遣三位同事，到我们办公室来共商应对策略？"

　　当天下午，我和美国芝加哥大学的另外两位同事——生物学教授霍雷肖·哈克特·纽曼（Horatio Hackett Newman）和神学院院长谢勒·马修斯（Shailer Mathews）赶到达罗的办公室。我们策划的那场法庭辩论，后来被认为是本世纪最引人瞩目的审判之一。

——费-库珀·科尔（Fay-Cooper Cole）

编者注：1925年，人类学家科尔在芝加哥大学工作，他是该校人类学系的创始人。

**环球科学
小词典**

斯科普斯审判： 1925年夏天，24岁的美国生物教师斯科普斯因在田纳西州代顿镇的中学讲授达尔文进化论，而违反了当时在美国南部盛行的《巴特勒法令》。该法令规定，凡在学校传授否认创世论的观点、认为人类起源于低等动物的做法，都是违法的。这一著名案件引起了国际社会关注，为斯科普斯辩护的就是文章中提到的著名律师克拉伦斯·达罗。该案件的最终结果是，斯科普斯被定罪并处以100美元罚款。

1959年 ●教育
2月 FEBRUARY

最近，赫鲁晓夫总书记号召苏联教育工作者要加强教育与生活的联系。恰逢此时，雅科夫·鲍里索维奇·泽尔多维奇（Yakov Borisovich Zel'dovich，苏联天体物理学家）和安德烈·萨哈罗夫（Andrei Sakharov，苏联原子物理学家）给《真理报》（Pravda）写了一封长信，讲述如何在中学阶段培养"未来科学家"。他们在信中提出，具有数学或科学天赋的孩子不应长时间接受普通学校的教育，因为数学家和理论物理学家的"黄金年龄"都是20岁出头。他们建议，应该让那些具有天赋的学生在十四五岁时就脱离普通教育，以加强这些学生在数学、物理或化学方面的学习，同时他们还认为不应将人文学科列入这些孩子的课程表。

1960年
⏱5月 MAY ●发育中的婴儿

我们原本认为，被惊吓过的大鼠会因为它们的经历而受到影响。因此当它们成年之后，我们曾在它们身上寻找情绪障碍的相关症状。但让我们惊讶的是，表现出古怪行为的却是没有经过任何人为影响的第二对照组大鼠。被惊吓过的大鼠，与经过相同人为影响（除了没被电击）的第一对照组大鼠几乎没有两样。初次实验的结果让我们不得不调整研究思路。此后，在美国俄亥俄州立大学哥伦布精神病学研究所和医院进行的研究中，我们开始更多地关注压力事件的缺失，而不是压力事件本身对婴儿的影响——毕竟，在婴儿成长过程中，压力事件经常发生。

——西摩·莱文（Seymour Levine）

1960年
⏱11月 NOVEMBER ●根本农业

灾难性的经历告诉我们，非洲的生态环境很脆弱，很容易遭到毁坏。坦噶尼喀花生项目的惨败就是一个例子——这是在根本不了解非洲土壤的情况下进行的决策，整个项目完全是不切实际的幻想。在植被为农作物所取代的非洲高原地区，很多土壤都开始硬化或被侵蚀，承载能力也在衰退。这些记载证实了一个根本性结论：只有在自然界的狩猎中，动物对太阳能的高效生物捕获和转化才能维持下去。这一结论要求运用狩猎行为，产生食物所能提供的蛋白质。

1961 年 4 月 APRIL ● 贴瓷砖

目前居住在巴伦（靠近阿姆斯特丹）的荷兰艺术家摩里茨·科内利斯·埃舍尔（Maurits Cornelis Escher）已将17个对称群中的相当一部分，应用到了基本区域为动物形态的马赛克镶嵌工艺上。本期《科学美国人》的封面（见左图）就是埃舍尔最精彩的马赛克作品之一。埃舍尔是一位喜欢运用数学结构的画家。有一个著名的美学流派把所有艺术都看作某种形式的游戏，而另一个也很有名的数学流派，则把所有的数学体系都看作按照统一规则进行的无意义的符号游戏。

——马丁·加德纳

埃舍尔：对称的科学与艺术的数学（1961年）

● 裁军经济学

美国联邦政府每年要花费400多亿美元用于维持军队编制和采购武器。这些支出大概占美国国民生产总值的10%，比手工业、服务业、运输业和农业的年投资净额总和还多出几十亿。裁军协商的结果很可能会大幅削减军事预算。因此，政府和商业领域的经济学家、市场分析师和财政政策的决策者已经开始考虑，一旦实现裁军，现有的经济体系应如何解决目前直接或间接为军队服务的劳动力的就业问题，以及如何利用好现在为军队所用的工厂和物资。

——瓦西里·列昂季耶夫（Wassily Leontief），马尔温·霍芬伯格（Marvin Hoffenberg）

编者注：列昂季耶夫，1973年诺贝尔经济学奖得主。

1961 年 ● 教学机器
🕐 11 月 NOVEMBER

　　和一切有用的机器一样，教学机器也是为了最高效地完成一项工作而慢慢发展起来的，而且像任何新机器一样，人们对它持有不同的看法，其中不乏反对意见。有人把这种机器看作对教师的威胁，但它不是；有人猜测它会让教育变成一个冰冷机械的过程；还有人害怕它会把学生变成呆板的、不善思考的人。这些担忧都是没有根据的。教学机器的功能用一两句话就能说清楚：它能以迅速、高效、透彻的教授方式取代传统教育中缓慢、片面、浪费师生精力的大部分教育活动。

——博勒斯·弗雷德里克·斯金纳

1961 年 ● 从众研究
🕐 12 月 DECEMBER

　　我的目标是看看实验方法能否用来研究国民性格，尤其是能否衡量两个欧洲国家——挪威和法国国民的从众行为。我选择从众行为这一研究点有好几个原因。第一，只有当国民遵守本国的一般行为规范时，我们才可以说这个国家是存在国民文化的，这是一切文化行为背后的心理机制。第二，从众行为已经成为当前社会批评中的热点话题，批评者认为现代人对于他人的意见太过敏感，并认为这是现代社会的一股病态潮流。第三，我们已经拥有了用实验衡量从众行为的好方法。

——斯坦利·米尔格拉姆（Stanley Milgram）

译者注：米尔格拉姆，美国心理学家，在社会心理学领域做了大量研究。

1962 年 ● 藏匿核武器
⏱ 2 月 FEBRUARY

　　看来，在地下或外太空进行大型核武器试验的想法似乎不大可行了。1961年12月，一枚5,000吨级的核弹在美国新墨西哥州卡尔斯巴德的一个地下盐洞引爆。事后，远在美国纽约、日本东京、瑞典乌普萨拉和芬兰索丹屈莱的地震仪，都清楚地记录到了这次爆炸引起的震动。地震仪记录的震动包括"初动"，这是区分地震和地下爆炸的重要标志。

1962 年 ● 认知失调
⏱ 10 月 OCTOBER

　　两条信息在心理上的不相匹配，称为信息间的相互失调。这些信息可以与行为、情绪、看法、环境中的事物等相关。"认知"一词强调该理论研究的是信息之间的关联。这些信息当然是可以改变的。一个人可以改变看法，也可以改变行为从而改变自己掌握的信息，他甚至可以扭曲自己对于周围世界的感知。使信息之间产生或者恢复协调性的信息变化称为降低失调变化。认知失调是一种驱动力。就像饥饿驱使人进食，失调也会驱使人改变自己的看法或行为。

　　　　　　　　——利昂 · 费斯廷格（Leon Festinger）

译者注：费斯廷格，美国社会心理学家，因为提出认知失调理论而闻名于世。

1962 年 ● "母子隔离"实验
⏱ 11 月 NOVEMBER

　　我们之所以会研究情感发育，是因为当初在培育可用于各种研究的健壮、无病幼猴时，受到了一些启发。当母猴产下小猴几个小时后，我们就把小猴隔离开，放在精心设计的人工环境下喂养。这样既能提高小猴的存活率，而且在抓小猴去做实验时，也不会有母猴来阻碍。过了一段时间我们才发现，在这些小猴健壮、无病的同时，它们的情感也受到了影响。

——哈里·弗雷德里克·哈洛（Harry Frederick
Harlow），玛格丽特·屈恩·哈洛
（Margaret Kuenne Harlow）

**环球科学
ABC 小词典**

哈里·弗雷德里克·哈洛：美国比较心理学家。他最著名的研究就是上述"母子隔离"实验，证明了关爱与陪伴在社交和认知能力发育上的重要性。哈洛曾荣获美国国家科学奖，1951年当选美国科学院院士，1958年当选美国心理学会主席。其妻子玛格丽特·屈恩·哈洛是美国儿童心理学家。

1962年 ● 寂静的春天
12月 DECEMBER

作品：《寂静的春天》（*Silent Spring*），蕾切尔·卡森（Rachel Carson）著，霍顿－米夫林公司出版，售价5美元。

书评人：拉蒙·科尔（LaMont Cole）。

身为生态学家，我很高兴有人写出了这么一部具有煽动性的书。这并不代表我认为书中对所有证据都做了客观公正的评述。恰恰相反，为了支持自己的论调，作者在选取事例和阐述观点时带有很强的偏向性。不过话说回来，那些善于制造舆论，左右公众看法的人已经把与之完全相反的论点刻进了公众的脑子里。即便一般大众不研究生态学，也该采取客观的态度去关注人类改变环境的行为了。《寂静的春天》正好举出了很多可怕的例子，以证明化学品的滥用对环境造成了怎样的破坏。

1963 年 3 月 MARCH ● 焦虑的时代

都说我们这个时代是焦虑的时代，但焦虑究竟是什么？它又该如何衡量呢？西格蒙德·弗洛伊德（Sigmund Freud）写过许多关于焦虑的文章，但他在给焦虑定义时，主要内容还是借助内省，从词义着手，并未做进一步阐述。他用自己的母语指出了Furcht（恐惧）和Angst（焦虑）之间的显著区别，后来的心理学家也大多沿袭他的区分，把焦虑看作和恐惧完全不一样的东西。在美国，一些研究学习理论的专家将焦虑视为行为的主要动机。还有一些科学家的观点几乎截然相反，那就是弗兰克·伯格（Frank Berger）提出的临床观点（伯格发现过一种化学物质，催生了镇静剂眠尔通）。在他看来，焦虑会"瓦解"有效行动。和这个瓦解概念相通的是一种心理分析的观点，认为焦虑是神经症的核心问题。然而，一些不够严谨的人会把焦虑和神经症当作同义词，结果就是，把焦虑水平高的人视为神经症患者。

—— 雷蒙德·伯纳德·卡特尔（Raymond Bernard Cattell）

环球科学 小词典

卡特尔：美国心理学家，他最突出的贡献是将因素分析的统计方法应用于人格心理学研究。卡特尔一共找到了16种根源性特质，编制了"卡特尔16种人格因素问卷"。这份问卷也被称为《卡特尔16种人格因素量表》或《卡特尔16项个性因素测验》，是世界最具权威的个性测验方法，在临床医学中广泛应用于心理障碍、行为障碍、心身疾病的个性特征研究，对人才选拔和培养也很有参考价值。

1963 年 ● 测谎仪阴影
⏱7月 JULY

　　由于测谎仪在商业和工业领域的使用越来越多，而且基本上没有限制，美国弗吉尼亚大学的一位精神病学家和心理学家已经对此发出了警告。测谎仪检测的纯粹是自主反应，无法确定这个反应是来自有意的欺骗，还是由无意识的行为所触发。不过，测谎仪的操作人员通常会告知接受检测的人，"你根本无法骗过这台机器"，以便让接受检测的人说出事实——在这层意义上，操作人员是在用谎言来检测谎言。因此，研究人员指出，测谎仪的使用必须始终处于严格的监管之下，以防乔治·奥威尔（George Orwell）笔下的《1984》变成现实。

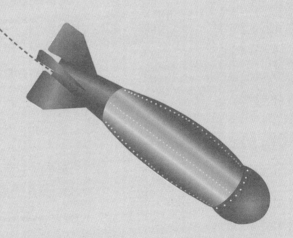

文章标题索引

第一部分
步入工业时代
（150 年前：1856~1863 年）

● 探索未知的世界

第二部分
科技腾飞的年代

（100 年前: 1906~1913 年）

● 发明推动技术革新

● 飞机的诞生及应用

●蓬勃发展的交通运输业

●"一战"前的社会生活

第三部分
影响空前的科技推动力
（50 年前：1956~1963 年）

● 太空时代的新技术

● 上天入地的科学探索

● 方兴未艾的生物学与医学

● 核阴影笼罩下的人与社会

图片版权